教育部高等学校软件工程专业教学指导委员会
软件工程专业推荐教材
高等学校软件工程专业系列教材

增强现实技术与应用

郭诗辉 潘俊君 王希海 廖明宏 ◎ 编著

U0197743

清华大学出版社

北京

内 容 简 介

本书在全面介绍增强现实等基本知识的基础上,着重介绍增强现实系统对真实环境的感知、与用户的多模态交互以及多人协同条件下的增强现实应用。本书同时配套有实践教材,以帮助读者更好地熟悉增强现实应用的开发。

全书共分为 10 章:第 1 章简单介绍增强现实技术以及其在不同行业的应用;第 2～4 章讨论增强现实系统如何感知并且理解真实世界,着重讨论增强现实系统的空间感知、位置感知和环境感知过程中的关键技术;第 5～7 章讨论增强现实系统如何与用户交互,既包括用户向增强现实系统输入信号,也包括增强现实系统向用户提供反馈;第 8 章介绍如何实现多人协同的增强现实系统;第 9 章介绍典型的增强现实系统架构,帮助读者了解如何搭建一个成熟的增强现实应用;第 10 章讨论增强现实技术的未来发展。书中提供了一些增强现实的应用实例,讨论了典型的技术方法和前沿的学术进展,每章后均附有习题。

本书适合作为高等院校计算机科学与技术、软件工程、数字媒体技术等专业高年级本科生、研究生的教材,同时可供希望对增强现实、虚拟现实等增进了解的广大开发人员、科技工作者和研究人员参考。

图书在版编目(CIP)数据

增强现实技术与应用/郭诗辉等编著.—北京:清华大学出版社,2021.11
高等学校软件工程专业系列教材
ISBN 978-7-302-59073-6

Ⅰ.①增…　Ⅱ.①郭…　Ⅲ.①虚拟现实-高等学校-教材　Ⅳ.①TP391.98

中国版本图书馆 CIP 数据核字(2021)第 177525 号

责任编辑: 黄　芝　薛　阳
封面设计: 刘　键
责任校对: 焦丽丽
责任印制: 刘海龙

出版发行: 清华大学出版社
　　　　　 网　　址: http://www.tup.com.cn,http://www.wqbook.com
　　　　　 地　　址: 北京清华大学学研大厦 A 座　　　　**邮　　编:** 100084
　　　　　 社 总 机: 010-62770175　　　　　　　　　　　 **邮　　购:** 010-62786544
　　　　　 投稿与读者服务: 010-62776969,c-service@tup.tsinghua.edu.cn
　　　　　 质量反馈: 010-62772015,zhiliang@tup.tsinghua.edu.cn
　　　　　 课件下载: http://www.tup.com.cn,010-83470410

印 装 者: 大厂回族自治县彩虹印刷有限公司
经　 销: 全国新华书店
开　 本: 185mm×260mm　　 **印　 张:** 8.75　　　　 **字　 数:** 213 千字
版　 次: 2021 年 12 月第 1 版　　　　　　　　　　 **印　 次:** 2021 年 12 月第 1 次印刷
印　 数: 1～1500
定　 价: 29.80 元

产品编号:090708-01

序

增强现实将虚拟对象叠加在真实世界之上，用户借助必要的视觉装置，可以同时看到虚拟世界和真实世界，并与虚拟对象进行交互。增强现实是新一代信息技术的代表，应用空间大、产业潜力大、技术跨度大。作为研究领域，增强现实已经存在了大半个世纪，厚积薄发，近几年取得快速发展。谷歌、微软等公司推出了头戴式眼镜，手机端增强现实游戏"精灵宝可梦"风靡全球，增强现实图书、增强现实文旅展示、增强现实课堂不断涌现，一种全新的沉浸式大众消费领域正在形成；增强现实在装备制造、医疗健康、智慧城市、电子商务等领域的应用崭露头角，逐步形成新的业态和服务模式。在可以预见的未来，增强现实技术将全面融入人们的生产、生活，使人们的生产更高效、生活更精彩。

增强现实技术研发和产业化的快速发展，对人才培养提出了迫切需求。许多高校开设了虚拟现实/增强现实课程，设立了虚拟现实/增强现实专业，但是目前增强现实技术方面的优质教材相对稀缺，《增强现实技术与应用》和《增强现实技术与应用——华为 AR Engine 实战手册》这两本教材的出版恰逢其时。这两本教材是厦门大学和北京航空航天大学科研团队，联合华为增强现实引擎开发团队在增强现实领域科技创新和系统研发经验积累的基础上，经过多年教学实践的倾心之作。这两本教材的作者郭诗辉、潘俊君等青年学者都在增强现实、虚拟现实领域长期从事教学与科研工作，在国际顶级会议期刊发表了一批高水平论文，且长期教授相关专业本科生课程。

这两本教材分别为理论教材和实践教材。理论教材系统介绍了增强现实技术的基础理论和近年来的学术前沿进展；实践教材基于 HUAWEI AR Engine 系统，帮助读者动手实现自己的第一个增强现实应用。华为作为我国虚拟现实/增强现实领域的顶级企业之一，推出的 VR Glass 和 AR Engine 都是标杆之作，有力地推动了这个行业的发展。相信读者在学习了这两本教材以后，一定能够为研发优质增强现实应用系统奠定良好基础，或者对增强现实研究方向产生兴趣，进一步学习、深造，投身其研究，为这一新兴技术的进步和产业生态的发展贡献自己的才智。

2021 年 6 月

前　言

本书是教育部"高等学校软件工程专业系列教材"之一。编写过程中兼顾研究型和应用型高校人才培养的需要,本着循序渐进、理论联系实际的原则,内容以适量、实用为度,注重理论知识的运用,着重培养学生利用增强现实技术实现下一代人机交互界面的能力。本书力求叙述简练,概念清晰,通俗易懂,便于自学。对于所涉及的技术方法,力求全面,且提供详尽的参考资料供读者深入学习,是一本体系创新、深浅适度、重在应用、着重能力培养的书籍。

本书共10章,主要内容有:增强现实技术简介、空间感知技术、位置感知技术、环境感知技术、多模态输入技术、图像反馈技术、多模态反馈技术、协同交互技术、应用架构和增强现实未来发展。本书架构如图0.1所示。读者根据兴趣和能力,可以通读全书,也可以选择部分感兴趣的章节进行阅读。

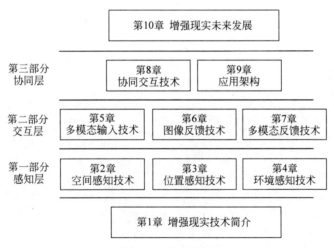

图 0.1　本书架构

本书同时配套有实践册,通过具体案例讲解帮助读者动手完成一个个增强现实案例。该实践册的所有代码和素材均向读者开放。

本书可作为高等学校计算机科学与技术、软件工程、数字媒体技术等相关专业的本科生教材,也可作为成人教育及自学考试用书,或作为增强现实从业人员的参考用书。

本书第1、5、6、7章由郭诗辉编写,第2、3章由潘俊君编写,第8、10章由王希海编写,第4、9章由廖明宏编写。全书由郭诗辉完成整体修改及统稿。

在本书编写过程中得到厦门大学信息学院、北京航空航天大学计算机学院和华为技术有限公司的大力支持,在此表示衷心的感谢。

　　本书部分内容引用了国内外同行专家的研究成果,在此表示诚挚的谢意。感谢清华大学出版社在本书出版过程中所付出的辛勤劳动。感谢在本书撰写过程中,参与讨论并提出宝贵意见的张莹莹、张浩、王贺、莫运能、张梦晗、邓清珊、郭振宇、林勇、邹文进、张培、袁飞飞、马家威、张国荣、殷佳欣、张文洋、边超、杨子建等。

　　由于编者水平有限,书中不当之处在所难免,欢迎广大同行和读者批评指正。

郭诗辉

2021 年 6 月

目　录

IX

第1章 | 增强现实技术简介

1.1 增强现实的定义

增强现实(Augmented Reality，AR)技术将虚拟对象叠加在真实世界之上，允许用户同时看到虚拟世界和真实世界，可以与虚拟对象进行交互。目的是通过虚拟对象将重要内容三维可视化，向用户提供真实世界中不存在、难感知、易忽略的信息，增强用户对真实世界的理解能力。

随着增强现实技术的发展，它所包含的范围不断扩大，每个人的理解也不尽相同。增强现实最核心的特征是真实与虚拟的叠加。在游泳比赛的电视转播中，一般会自动增加各泳道选手的姓名和国籍信息，帮助观众更直观地感知到场上形势(见图 1.1(a))，从这个角度上看，这些简单明了的图形化信息也可以理解为增强现实的一部分。自 2012 年来，谷歌、Magic Leap 等公司推出的增强现实眼镜(见图 1.1(b))，让企业和部分高端消费者体验到了这项黑科技。

近年来，主流的移动端设备(包括手机和平板)让增强现实技术惠及大众消费者。这其中包括日益普及的工业平板培训和检修(见图 1.1(c))以及风靡全球的《精灵宝可梦》(*Pokemon Go*)游戏(见图 1.1 (d))。

(a) 游泳比赛转播中的信息提示

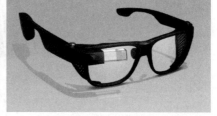

(b) 专业级别的增强现实眼镜

(c) 利用平板进行工业设备维修

(d) 基于智能手机的增强现实游戏

图 1.1　增强现实在现实中的应用

除了最基本的真实和虚拟世界的叠加，更全面的增强现实技术还包括如下另外两个重要的特征。

(1) 实时交互：近年来，增强现实系统里的交互问题得到大家的关注。用户与系统进行动态的实时交互，而非单纯的静态信息显示，才能够允许用户获取定制化的信息，提高系统的沉浸感和信息传递效率。

(2) 三维配准：理想中的增强现实是将虚拟对象完美匹配于真实世界。举例而言，一本虚拟的书放置于真实的桌子之上，它应该能够完美地贴合桌子表面，并在用户改变视角的情况下依然保持与桌子的相对位置不变。这需要对真实世界的三维空间有全面理解。

1.2 增强现实技术的发展历史

增强现实技术的发展最早可以追溯到 1957 年电影摄影师 Morton Heilig 开发出多通道仿真体验系统 Sensorama(见图 1.2(a))，该系统能够提供图像显示、微风拂面、气味扑鼻，以及发动机的声音和震动等多种感官刺激，向用户提供虚拟的摩托车骑行体验。但该系统更接近的是虚拟现实，而非增强现实。接着在 1968 年，美国哈佛大学教授研发的达摩克利斯之剑(The Sword of Damocles)系统(见图 1.2(b))第一次将佩戴增强现实头盔的体验带给世人。该系统使用了光学透视头戴式显示器，允许用户在真实世界中看到叠加的虚拟物体。该系统也首次使用了六个自由度的追踪仪，允许用户在真实世界内小范围移动、头部转动等。受限于当时计算机的处理能力，该系统只能实时显示简单的线框图形，但在当时已经是创新之举。

(a) 多通道虚拟现实系统Sensorama   (b) 增强现实头盔"达摩克利斯之剑"

图 1.2　早期的增强现实发展历程

1990 年，波音公司研究员 Tom Caudell 在美国达拉斯召开的 SIGGRAPH 会议上，明确提出了增强现实这个概念。三十多年来，伴随光学硬件和计算机图形学算法的进步，增强现实技术有了长足发展。本书将这些发展大致分为如下若干阶段。

第一个阶段是以研究人员自研的增强系统为平台进行的一系列尝试。部分案例如下。

- 1992 年，美国空军 Lois Rosenberg 和哥伦比亚大学 Steven Feiner 等人分别提出了两个早期的增强现实原型系统：Virtual Fixtures 虚拟辅助系统和 Karma 机械师辅助维修系统。
- 1994 年，Julie Martin 设计了世界上第一个增强现实戏剧作品——Dancing in

Cyberspace。其亮点在于真实的舞者和虚拟的舞台内容进行交互。

- 1995 年，Jun Rekimoto 和 Katashi Nagao 将增强现实与导航系统相结合，开发了一款名为 NaviCam 的增强现实导航摄像机系统。该系统可以将与摄像机图像相关的上下文信息直观地显示在原视频的图像上。
- 1998 年，Sportvision 公司开发了用于体育直播的 1st&Ten 增强现实系统，该系统实现了真实场地信息在电视屏幕上的可视化。
- 1999 年，第一个增强现实开源框架 ARToolKit 发布。ARToolKit 的出现使得增强现实技术不局限于专业的研究机构中，也为之后商业化的增强现实硬件提供了功能和框架的参考。
- 2000 年，Bruce Thomas 等发布了第一款基于增强现实技术的游戏 ARQuake。该游戏使用了一个集成了 GPS、数字罗盘和基于标记的 6DOF 跟踪系统，首次将增强现实带到了室外真实场景。
- 2009 年，平面媒体杂志 *Esquire* 推出了第一个基于增强现实技术的杂志封面。当扫描杂志的封面时，即将上映的电影《大侦探福尔摩斯》主角罗伯特·唐尼就以增强现实的方式呈现，并通过语音交流的方式进行电影宣传。

第二个阶段是自 2012 年 Google 推出 Google Glass 产品开始。该产品通过头戴式微型显示器将内容投影于用户眼前，具备语音输入输出、视频图像采集等功能，搭载安卓操作系统。这些功能和配置第一次让增强现实技术走进主流开发者和大众消费者的视野中。自 Google Glass 发布以来，AR 行业受到资本市场的广泛关注。随后，微软也发布了 AR 头戴显示器 HoloLens。2016 年，AR 领域最著名的创业公司 Magic Leap，获得一轮 7.935 亿美元的 C 轮融资，并于 2018 年发布首款产品 Magic Leap One。增强现实硬件产品在国内也是方兴未艾，自主品牌例如 NReal、Rokid、悉见等均发布了增强现实眼镜。但受限于若干硬件因素，包括重量体积导致的不易携带、计算能力有限、电池续航与发热、对近视人群不适配等原因，开发者没有找到合适的产品路线，大众消费者也未体验到一个爆款的增强现实应用。但在面向企业用户和专业领域的场景下，增强现实技术已经获得了越来越多的实际应用。

第三个阶段从 2015 年开始，任天堂公司发布了一款基于手机平台的增强现实游戏 *Pokemon GO*。这是一款宠物养成和对战游戏，玩家捕捉真实世界中出现的宠物小精灵，进行培养、交换以及战斗。数据显示，这款游戏只用了 63 天在全球就赚了 5 亿美元，成为史上赚钱速度最快的手机游戏。这款游戏的巨大成功让业界意识到，最好的增强现实平台不是以 Google Glass 为代表的高端专用设备，反而是大家人手一部的智能手机。2017 年，苹果公司在它的全球开发者大会上推出了面向苹果移动平台的增强现实引擎 ARKit。Google 也针对平台发布了 ARCore。同时，华为也发布了自研的增强现实引擎 AREngine。这三个引擎都提供了简单易用的开发接口，具有追踪、场景理解、渲染等功能，允许开发者快速开发面向手机和平板的增强现实应用。自此，基于手机和平板硬件平台的增强现实技术得到广泛应用，大量开发者加入其中，应用数量也急剧增加，一场盛宴徐徐拉开帷幕。

第 1 章

增强现实技术简介

1.3 增强现实技术发展趋势

作为一个具有较长历史,但实际刚刚新兴的产业,增强现实技术与产业的发展轨道尚未完全定型。从关键技术上看,以近眼显示、渲染处理、感知交互、网络传输、内容制作为主的技术体系正在形成。

增强现实终端由单一向多元、由分立向融合方向演变。按终端形态划分,手机成为现阶段主要终端平台。手机式 AR 渐成大众市场的主流,以 HoloLens 为代表的主机式、一体式 AR 主导行业应用市场。此外,在自动驾驶与车联网发展浪潮的影响下,基于抬头显示的车载式 AR 成为新兴领域,隐形眼镜这一前瞻性产品形态代表了业界对 AR 设计的最终预期。

1.3.1 增强现实的兴起原因

增强现实近年来成为业内热点,主要原因有三个方面,包括硬件门槛显著降低、资本关注日益提升与国家政策重点支持。

(1) 硬件门槛显著降低。随着集成电路行业的发展,硬件成本大幅降低。这一成本变化主要体现在光电子与微电子方面。例如微电子方面,低成本的 SOC 芯片与 VPU(视觉处理器)的普及成为增强现实在集成电路领域的发展热点。

(2) 资本关注日益提升。2014 年,Facebook 以 20 亿美元收购 Oculus,释放重大产业信号;2018 年,Magic Leap 宣布已筹集了 4.6 亿美元资金。此外还有包括谷歌、苹果、微软等公司纷纷投入重金进行产品研发和市场推广。在 Pokemon GO 游戏风靡世界之后,资本市场对增强现实游戏领域的关注度又进一步提高。

(3) 国家政策重点支持。美国政府早在 20 世纪 90 年代即将虚拟现实作为《国家信息基础设施(NII)计划》的重点支持领域之一。在我国,虚拟现实/增强现实技术已被列入"十三五"信息化规划、中国制造 2025、互联网+等多项国家重大文件中,工业与信息化部、发展改革委员会、科技部、文化部、商务部同时出台了相关政策。

1.3.2 增强现实关键技术趋势

增强现实涉及多技术领域,需要多学科技术融合才能提供良好的用户体验。在中国信息通信研究院和华为技术有限公司共同发布的《虚拟(增强)现实白皮书》中,尝试针对虚拟/增强现实的发展特性,首次提出"五横两纵"的技术体系及其划分依据,见图 1.3。"五横"是指近眼显示、感知交互、网络传输、渲染处理与内容制作的五大技术领域。"两纵"是指支撑虚拟/增强现实发展的关键器件/设备与内容开发工具与平台。

(1) 广视场角显示成为提升 AR 近眼显示沉浸感的核心技术。AR 强调与现实环境的人机交互,由于显示信息多为基于真实场景的提示性、补充性内容,现阶段 AR 显示技术以广视场角(Field of View,FOV)等高交互性(而非高分辨率等画质提升)为首要发展方向。然而,目前国内外代表产品在一定体积与重量的约束条件下,FOV 大多仅停留在 20°~40°水平。因此,在初步解决硅上有机发光显示 OLEDoS 等屏幕或硅基液晶 LCOS 等微投影技术后,提高 FOV 等 AR 视觉交互性能成为业界的发展趋势。相比扩展光栅宽度的传统技术路线,波导与光场显示等新兴光学系统设计技术成为 Google、微软等领军企业的核心技术突破方向。

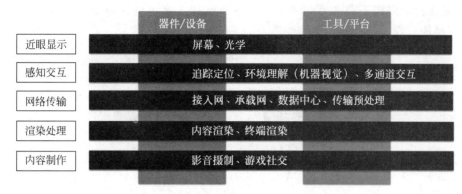

图 1.3 "五横两纵"技术架构

（2）感知交互技术聚焦追踪定位、环境理解与多通道交互等热点领域。其中，追踪定位是一切感知交互的先决条件，只有确定了现实位置与虚拟位置的映射关系，方才进行后续诸多交互动作。在 AR 应用的早期，绝大部分 AR 引擎通过如 ARToolkit 等有明确边缘信息和规则的几何形状的标识点来进行特征匹配和识别。未来的 AR 技术，环境理解呈现由有标识点识别向无标识点的场景分割与重建的方向发展。此外，提升用户各感官通道的一致性与沉浸体验成为感知交互领域的重点发展趋势。浸入式声场、眼球追踪、触觉反馈、语音交互等交互技术成为增强现实刚性需求的趋势愈发明显。

（3）网络传输技术呈现大带宽、低时延、高容量、多业务隔离的发展趋势。5G 的超大带宽、超低时延及超强移动性确保虚拟现实/增强现实完全沉浸体验，虚拟现实/增强现实将成为 5G 早期商用的重点应用领域。同时，增强现实也对网络建设方面提出了新的要求，架构简化、智能管道、按需组播、网络隔离成为增强现实承载网络技术的发展趋势。此外，投影、编码与传输技术成为优化网络性能的重要方向。

（4）渲染处理技术双轨并行：优化渲染算法与提升渲染能力。一方面，渲染优化算法聚焦增强现实内容渲染的"节流"，即基于视觉特性、头动交互与深度学习，减少无效计算与渲染负载，降低渲染时延。主要技术路径包括注视点渲染（Foveated Rendering）和多视角（Multi-View）渲染。另一方面，渲染能力的提升表现在云端渲染、新一代图形接口、异构计算、光场渲染等领域。例如，云渲染术将大量计算放到云端，消费者可在轻量级的虚拟现实终端上获得高质量的 3D 渲染效果，终端可从较高硬件性能要求上解放出来。

（5）内容制作瞄准企业级别市场，消费者市场重点投入游戏领域。Google 和微软等企业在尝试消费者市场后，都将自己的头戴式显示设备定位于领域性强的企业级别市场，例如工业维修、教育、医疗等。手持式智能终端直接面向普通消费者，则受到游戏行业的重点关注。此外，增强现实内容制作现在仍然很大程度依赖于传统的移动端 3D 开发工具，在后续发展中仍需对开发引擎、网络传输、SDK/API 等进行深度优化，乃至重新设计研发。

1.4 虚拟现实、增强现实和混合现实

近年来，大家时常会听到这三个词语：虚拟现实（Virtual Reality，VR）、增强现实（Augmented Reality，AR）、混合现实（Mixed Reality，MR）。这三者略有差别，但又紧密相

关,特别是在技术路线上很多是相通的。其本质区别是真实世界与虚拟世界叠加的比例。图 1.4 直观地呈现了三者的区别和联系。

增强现实	混合现实	虚拟现实
真实世界+虚拟世界	任意比例	虚拟世界
(以突出虚拟内容为目的)		

图 1.4　增强现实、混合现实、虚拟现实概念

1.4.1　虚拟现实

虚拟现实是利用头戴显示器(Head Mounted Display,HMD)完全遮盖用户眼睛的可视范围,使用户完全沉浸在头戴显示器呈现的虚拟场景的技术。因此,在虚拟现实中,用户所看到的 3D 场景内容都是虚拟的。这种技术的优点在于可以为用户提供完全沉浸的虚拟环境,允许用户与虚拟世界的数字内容进行自由交互。所创造的内容也不局限于用户所处的真实环境,即使身处三亚的海边沙滩,也可以通过虚拟现实技术完全沉浸在内蒙古大草原,甚至可以随心所欲地穿越时间到唐宋时期,穿越空间到火星、木星。

1.4.2　增强现实

增强现实能够同时看到真实场景和虚拟场景,并结合音频、触觉、气味等人为产生的反馈,向用户提供真实世界中不存在、难感知、易忽略的信息。虚拟现实与增强现实的相同点在于都需要使用计算机图形技术绘制虚拟图像。区别于虚拟现实,增强现实突出了用户通过增强现实设备观察真实世界的特征,系统呈现的主体是用户当前所处的现实场景,而人为产生的内容则是辅助性信息,目的是服务于人在真实世界中的任务活动。

1.4.3　混合现实

混合现实和增强现实类似,是将真实场景和虚拟场景混合在一起。但相比增强现实突出真实世界为主,虚拟世界为辅的特征,混合现实则打破了这个限制,泛指以任意的形式将真实和虚拟的场景元素进行混合,终极目标是让用户无法区分虚实元素。

狭义来看,VR 与 AR 彼此独立,但两者在关键器件、核心技术、终端形态上都有较大的相似性,只在部分关键技术和应用领域上有所差异。VR 通过隔绝式的音视频内容带来沉浸感体验,对显示画质要求较高,AR 强调虚拟信息与现实环境的"无缝"融合,对感知交互要求较高。

1.5　增强现实主流硬件平台

现阶段增强现实主要有两种硬件形态。一是以手持式智能设备(包括手机、平板)为主的形态。本书的编写目标之一就是推动以智能手机、平板为平台的增强现实应用。基于这种形态开发的增强现实体验包括 *Pokemon Go*、《一起来捉妖》等移动端游戏。这种形态的优势在于终端数量庞大,有广泛的潜在用户群体。另外一种是以头戴式显示器/眼镜为主的形态。这类设备又可以分为无须绑定主机的一体式 AR 眼镜,如 Google Glass、微软 HoloLens 等,以及需要与智能手机、平板电脑或计算机主机绑定的分体式 AR 眼镜,如 Magic Leap、NReal 等厂商推出的产品。

1.5.1　手持式设备

手持式智能设备成为当下增强现实的主流平台,既有硬件软件技术的突破,也是对市场需求的响应。从设备而言,现有的智能手机、平板已经集成了包括 GPS 定位、高清摄像头、惯性传感单元等标准感应设备,部分高端设备还安装有深度相机、超宽带定位等更精确的传感器。这些感应设备的出现,允许手持式设备也能在客户端完成包括运动跟踪、位置定位、物体识别等一系列功能。同时,伴随高质量的三维渲染在移动端的逐渐普及,实现三维成像是一件触手可及的事情。因而,手持设备已经具备了增强现实硬件和软件的基本条件。从市场需求的角度看,数据显示 2019 年全球范围内智能手机出货量达到近十五亿台。这为游戏娱乐、互动式应用创造了巨大的市场。相比传统的手机游戏,增强现实能够为用户提供身临其境的交互体验。各大手机厂商也顺势推出了各自的增强现实引擎,为广大开发者提供了便利。在未来的一段时间内,手持式移动设备将继续成为增强现实的主流平台。

1.5.2　头戴式设备

1. Google Glass

Google Glass(见图 1.5)是由 Google 公司于 2012 年 4 月发布的首款面向消费者的 AR 眼镜,这款眼镜由一个悬置在眼镜前方的摄像头和一个位于镜框右侧的宽条状计算机处理器装置组成。Google Glass 具有和智能手机一样的功能。可以在用户眼前展现实时天气、路况等信息,用户无须动手便可上网处理文字信息和电子邮件,同时用户还可以通过声音控制拍照、视频通话等。但遗憾的是,对于大众消费者而言,这款 AR 眼镜成本过高,且缺乏应用场景及内容,并存在许多安全问题。最终该项目被取消。Google 意识到大众消费者在当时对 AR 眼镜的接受程度还非常低,因此将发展方向转为企业级用户,并于 2017 年和 2019 年分别推出了面向企业领域的 Google Glass Enterprise Edition 和 Google Glass Enterprise Edition 2。

2. HoloLens

HoloLens(见图 1.6)是由微软公司于 2015 年发布的 AR 头戴显示器。该设备是一款一体式增强现实眼镜,可以完全独立使用,无须线缆连接计算机或智能手机。HoloLens 带有一个前置摄像头,内置高端 CPU 和 GPU,能够追踪声音和动作、识别周围环境并具有出色的人机交互体验。用户可以通过 HoloLens 将周围真实的环境作为载体,在真实环境中添加各种虚拟信息,比如在客厅中玩游戏、查看火星表面或者进入虚拟的著名景点。2019年微软发布第二代 HoloLens,改善了 HoloLens 1 代视场角过小、穿戴不舒服等问题。同 Google Glass 一样,HoloLens 的定位同样是面向企业,而非消费级产品。

图 1.5　Google Glass　　　　　　图 1.6　HoloLens AR 头戴显示器

3. HUAWEI VR Glass

HUAWEI VR Glass(见图1.7)是华为推出的虚拟现实头戴式眼镜。它内置高分辨率屏幕,双眼可以达到3200×1600分辨率,并且连接手机时有70Hz的刷新率,连接计算机时

图1.7 HUAWEI VR Glass

可达到90Hz。因为它是分体式的,与华为手机或者计算机连接进行工作,所以质量只有166g。HUAWEI VR Glass自带屈光调节功能,近视度数在700°以内摘下眼镜也能看清画面,且双眼可独立调节度数。此外,HUAWEI VR Glass采用瞳距自适应技术,兼容的瞳距范围高达55~71mm,覆盖人群高达90%。

1.6 增强现实主流软件平台

伴随增强现实的硬件得到广泛应用,各大公司纷纷推出自己的软件平台,或支持主流硬件的软件平台。软件平台的制定主要面向开发人员,便于其快速开发应用。在专业级别的增强现实硬件还未得到广泛应用之前,各大厂商目前布局的主要是面向手机和平板的软件应用平台。以下将简单介绍现阶段的主流软件平台。

1.6.1 AR Engine

AR Engine是华为在2018年发布的可商业化、大规模部署的AR SDK。HUAWEI AR Engine整合增强现实核心算法,提供了运动跟踪、环境跟踪、人体和人脸跟踪等基础能力,通过这些能力实现虚拟世界与现实世界的融合,提供全新的视觉体验和交互方式。截至2020年年底,预置华为AR Engine的手机突破两亿台,华为AR Engine下载安装量达5亿次。

HUAWEI AR Engine凭借这些能力可很好地理解现实世界,并提供虚实融合的全新交互体验。例如,可将一张想要购买的虚拟桌子放在即将被装修的房间内来查看效果。运动跟踪能力可识别用户所做的操作轨迹。当用户在三维空间内移动的时候,那张桌子仍然会一直处在真实世界的固定位置。

HUAWEI AR Engine使用户的终端设备具备了对人的理解能力。通过定位人的手部位置和对特定手势的识别,可将虚拟物体或内容特效放在人的手上;还可精确还原手部的21个骨骼点的运动跟踪,做更为精细化的交互控制和特效叠加;当识别范围扩展到人的全身时,可利用识别到的23个人体关键位置,实时检测人体的姿态,为体感类应用的开发提供能力支撑。

1.6.2 ARCore

ARCore是Google公司于2018年正式发布的用于搭建增强现实应用程序的平台,让用户的手机能够感知其环境、理解现实世界,并与信息进行交互,使虚拟内容呈现在真实表面。目前,Google ARCore在全球支持了4亿设备,在国内已支持5大品牌手机及其应用市场。

ARCore提供三个主要功能:运动跟踪、环境理解和光照估计。运动跟踪从摄像头捕获的图片中探测到不同的特征点和IMU传感器数据,让手机可以理解和跟踪它相对于真实

世界的位置。基于 ARCore 提供的摄像头位置和方向,渲染的虚拟图像可以和摄像头获得的图像重叠,保持虚拟图像位置的准确性。ARCore 通过探测各类表面的特征点集群确定平面的大小和位置,不断提高对真实环境的认识。ARCore 探测环境中的光照条件,然后通过光学计算将真实世界的光照条件叠加到虚拟物体上,让虚拟世界和现实世界的阴影和高光相匹配,使得渲染的虚拟物体外观更加真实。

1.6.3 ARKit

ARKit 是苹果公司在 2017 年苹果全球开发者大会推出的,为开发 iPhone 和 iPad 上的增强现实应用的软件工具平台。ARKit 将 iOS 设备的摄像头和设备动作检测功能集成到应用或游戏中,从而为用户实现 AR 体验。ARKit 也包含运动跟踪、环境理解和光照估计等功能。因为苹果公司的硬件具有高度一致性,ARKit 可以在软件功能上实现优化。例如,ARKit 使用视觉惯性里程计(Visual Intertial Odometry,VIO)精确追踪周围的世界。VIO 将摄像头和惯性传感单元的传感器数据进行融合。这两种数据允许设备能够高精度地感测设备在房间内的动作,而且无须额外校准。ARKit 运行在苹果自研的处理器上,能够为 ARKit 提供突破性的性能,从而可以实现快速场景识别,并且还可以基于现实世界场景,来构建丰富且引人注目的虚拟内容。

ARKit 支持诸如 Unity3D、Unreal 引擎之类的第三方工具,允许不同设备的多名用户看到相同的 AR 环境共享体验,允许开发者创建可与好友一同体验的创新增强现实应用。另外还提供人物抓取和动作捕捉两个主要的新功能,其中利用人物抓取功能可以将物体抓取到虚拟环境中,与其他的虚拟物体实现前后遮挡关系。动作捕捉功能则可以通过 iPhone 摄像头实现实时捕捉人体的动作,包括手臂、躯干等。

1.6.4 Vuforia

Vuforia 是另外一款流行的增强现实软件框架。Vuforia 支持多种开发者工具,包括 Eclipse、xCode 和 Unity3D,并能在多种操作系统和设备上运行,如 iOS 和安卓手机、平板电脑以及部分移动眼镜产品等。Vuforia 主要有以下三个核心部分。

(1)简单物体识别:Vuforia 提供单一静态的平面图像识别、新型条形码(VuMark)的识别、多对象识别、几何物体识别、文字识别以及实物识别。

(2)场景重构:Vuforia 可以基于用户的真实物理环境重新构造虚拟 3D 环境,打造真实的视觉效果,并且产品中的元素可以和真实世界中的物理实体及平面进行互动,做到虚拟与现实相互融合。

(3)3D 物体识别:Vuforia 7.0 引入 3D 物体识别功能,可以把数字内容叠加到现有的计算机视觉技术未能识别的对象中,通过该功能,数字内容可以叠加到如汽车、家电、工业设备和机械中。

1.7 增强现实的应用领域

1.7.1 游戏领域

Pokemon Go(见图 1.8)是由任天堂、宝可梦公司和 Google Niantic Labs 公司联合制作开发的 AR 宠物养成对战类角色扮演手游。它使用移动设备 GPS 来定位、捕捉、战斗和训练称为宝可梦的虚拟生物,同时借助 AR 技术使这些虚拟生物似乎存在于玩家的真实世界中。

自 2016 年发布以来,Pokemon Go 全球下载量已超过 10 亿,总收入预计达到 26.5 亿美元,每月的活跃用户超过 1.47 亿。并获得最佳 AR 游戏、年度手机游戏等多项大奖。

1.7.2　教育领域

美国俄亥俄州的凯斯西储大学基于 HoloLens 开发了一款应用 HoloAnatomy(全息解剖)。学生通过该应用(见图 1.9),可以全方位地看到虚拟人形的骨骼、血管、神经、肌肉、器官等重要的医学解剖结构。此外,学生还可以前后左右以任意角度进行观察研究,还可以通过手势和语音添加肌肉。

图 1.8　Pokemon Go 游戏画面　　　　图 1.9　HoloAnatomy 示意图

1.7.3　医疗领域

西班牙瓦伦西亚大学将增强现实技术应用于治疗蟑螂恐惧症(见图 1.10),在实验中患者的周围环境是真实的,患者使用的元素也是真实的,只有代表患者恐惧的元素是虚拟的。治疗师会在每个瞬间选择出现蟑螂的数量以及蟑螂的大小,以使患者的治疗可以逐步进行,患者可以通过标记杀死蟑螂并将其扔到垃圾箱里。

图 1.10　治疗蟑螂恐惧症过程图

1.7.4　语言领域

在一个陌生的国家,语言交流是一个重要的问题。通过增强现实,将不熟悉的外国语言文字翻译为自己熟悉的母语是一个极具价值的应用。现在智能手机上的翻译应用已经允许用户拍照后,自动识别图片内的文字并进行翻译。网易有道翻译(见图 1.11)还可以实现实景 AR 翻译,即无须分为图片拍照和文字识别两个步骤,可以直接调用智能手机的摄像头,实时翻译图片中的语言,并且通过离线的神经网络模型,实现无网络环境下的轻松翻译。

1.7.5　建筑领域

著名家具品牌 IKEA 在 2017 年发布了一款基于增强现实的家具虚拟布局应用 IKEA

Place(见图 1.12），该应用允许用户直观地查看选中的家具在公寓、办公室或者家中实际的摆放效果，省去了诸如测量尺寸、室内颜色搭配等烦琐的步骤。IKEA Place 内置超过 2000 个数字渲染的沙发、咖啡桌和扶手椅等家具，可以让用户充分发挥想象力，设计自己的空间。同时，IKEA Place 允许用户根据房间尺寸调整 3D 模型的大小，精确度能达到 98％。

图 1.11　网易实景翻译

图 1.12　IKEA 家居虚拟应用

1.7.6　旅游领域

由 Rokid 和良渚古城遗址共同打造的“AR 智慧导览”项目，在良渚博物院和良渚古城遗址公园正式上线，并在 2020 年十一假期内免费向游客开放体验（见图 1.13）。这不仅是国内首次，也是全球第一次，AR 眼镜真正在博物馆投入运营。现在通过 Rokid Glass 2，游客能够看到根据真实比例和尺寸模拟复原的“历史建筑”，穿越时间和空间，感受千年文化的魅力。基于 Rokid Glass 2 的 AR 智慧导览系统具备第一视角、交互自然、可穿戴、个性化等特点，能够为游客带来 AR 特效、数字沙盘、AR 地图导览、虚拟导游等虚实结合的功能体验。

图 1.13　Rokid 增强现实眼镜在良渚古城遗址的应用

1.7.7　广告领域

2019 年 9 月，可口可乐在最新的营销活动中使用了 AR 技术，把可乐罐与可爱的三维动画（见图 1.14）一起灵动起来，扫描饮料罐上的代码可查看动画短篇故事。每个罐子都有一个独特的代码，顾客扫描后就会看到一篇轻松的故事。该营销活动包含 12 篇不同的故事，每个故事都有一场小冲突，而故事都以两个朋友分享可乐为结局，进一步突出了可口可乐的标志性宣传口号“分享可口可乐”。

增强现实技术简介

1.7.8　交通领域

AR 技术可以用来辅助安全驾驶,我们熟悉的抬头显示技术以及具备倒车辅助线的倒车影像功能(见图 1.15),就是 AR 技术在汽车行业的最早应用。近几年,各大汽车品牌及其厂商一直都在进行 AR 技术在辅助安全驾驶技术方面的研发。例如,路虎推出了透明引擎盖,可以直接在车窗上显示引擎盖下方的路面;宝马 MINI 联合高通推出的增强现实应用,可以显示导航数据、行驶速度、限速提示、岔口信息等行车信息和手机信息;奔驰推出了 Vision 迈巴赫 6 概念车,搭载了 AR 挡风玻璃,提供包括仪表盘、卫星定位、实时地图等各类信息。

图 1.14　可口可乐的创意动画

图 1.15　辅助安全驾驶的 AR 技术

1.7.9　工业领域

由哥伦比亚大学计算机图形学与用户交互实验室开发的增强现实维修保养系统(Augmented Reality for Maintenance and Repair,ARMAR)是 AR 在工业领域的著名应用实例(见图 1.16)。头戴式运动跟踪显示器通过诸如子组件标签、指导性维护步骤、实时诊断数据和安全警告之类的信息增强了用户对系统的信息获取,用以提高生产率、准确性和维护人员的安全性。用户和维护环境的虚拟化允许异地协作者监视和协助维修。此外,将现实世界的知识库与详细的 3D 模型集成在一起,可以将系统用作维护模拟器/培训工具。

图 1.16　增强现实维修保养系统示意

小　　结

本章简要介绍了增强现实技术的发展历程,区分了增强现实与虚拟现实、混合现实之间的异同点。同时,本章介绍了主流的硬件与软件平台,以及通过已有的相关案例,说明增强现实技术在旅游、教育、医疗等多领域的应用。一个成功的增强现实应用既依赖于一套优秀稳定的硬件系统,同时也需要融合多方面的软件算法。

在接下来的各章中,将逐一介绍增强现实中涉及的核心技术,包括定位、显示、反馈、协作等多方面。每个方面都是一个被许多科学家和工程师共同努力研究的重要问题。正是这些问题的完美解决让如今智能手机的功能日益强大,让增强现实的应用惠及每个用户。

习　　题

1. 请说明虚拟现实、增强现实和混合现实的异同点。

2. 请举出身边熟悉的增强现实的一个应用,并简单分析它的功能、优点、缺点等。

3. 请举出身边对自己、家人生活有困扰,而且可以利用增强现实技术来解决的一件事情。

4. 调研现有的增强现实主流硬件、软件平台(不局限于本书中所列举的),通过表格的方式对比各平台的性能指标。

增强现实技术简介

第 2 章　空间感知技术

增强现实要将真实世界和虚拟世界进行融合，必然要将二者的位置进行标定和匹配。简单地说，虚拟世界的每个点都和真实世界的某一个点一一对应。虚拟世界中的每个点都能够通过变换，得到它在真实世界中的坐标位置。本章将介绍三维空间的表达、变换和构建。

2.1　三维空间基础知识

2.1.1　向量与坐标

向量（又称矢量，Vector）是非常重要的空间概念，它是用于描述具有大小和方向两个属性的物理量。世界中有很多变量，例如，物体的位置和运动速度，都可以用向量表示。人类所生活的三维世界中的任意一个点，在给定一个坐标原点$(0,0,0)$的前提下，都可以用一个向量(x,y,z)来表达其位置。

齐次坐标将原来三维的向量用四维向量$(w_{x'},w_{y'},w_{z'},w)$来表示。引入齐次坐标主要有如下目的。

（1）更好区分向量和点。在三维空间中，(x,y,z)既可以表示点也可以表示向量，不便于区分。如果引入齐次坐标，则可以使用$(x,y,z,0)$来表示向量，而使用$(x,y,z,1)$来表示坐标点。

（2）统一使用矩阵乘法表示平移、旋转、缩放变换。如果使用3×3的矩阵，矩阵乘法只能表示旋转和缩放变换，无法表示平移变换。而在四维齐次空间中，使用4×4的齐次矩阵乘法既可以表示旋转和缩放变换，也可以表示平移变换。

2.1.2　变换矩阵

矩阵（Matrix）是一个矩形阵列，有指定的行和列，使用矩阵可以简化数据的表示和变换处理。在增强现实的空间表达和变换的操作中，通常使用4×4的矩阵，因为它可以描述物体的平移、旋转、缩放等所有的线性变换。

物体的平移矩阵T为：

$$T = \begin{bmatrix} 1 & 0 & 0 & p_x \\ 0 & 1 & 0 & p_y \\ 0 & 0 & 1 & p_z \\ 0 & 0 & 0 & 1 \end{bmatrix} \tag{2-1}$$

表示物体分别在 X 轴、Y 轴、Z 轴分别平移 p_x、p_y、p_z。

物体的缩放矩阵 S 为：

$$S = \begin{bmatrix} q_x & 0 & 0 & 0 \\ 0 & q_y & 0 & 0 \\ 0 & 0 & q_z & 0 \\ 0 & 0 & 0 & 1 \end{bmatrix} \tag{2-2}$$

表示物体在 X 轴、Y 轴、Z 轴分别缩放 q_x、q_y、q_z 倍。

物体绕着不同的坐标轴旋转不同的角度，得到相应的旋转矩阵，如图 2.1 所示。

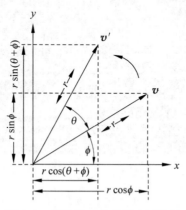

图 2.1　向量绕 Z 轴旋转 θ 示意图

向量 $\boldsymbol{v} = (x, y, z)$ 绕着 Z 轴旋转 θ，得到新坐标 $\boldsymbol{v}' = (x', y', z')$，则可得：

$$\begin{cases} x' = x\cos\theta - y\sin\theta \\ y' = x\sin\theta + y\cos\theta \\ z' = z \end{cases} \tag{2-3}$$

解得：

$$\begin{bmatrix} x' \\ y' \\ z' \end{bmatrix} = \begin{bmatrix} \cos\theta & -\sin\theta & 0 \\ \sin\theta & \cos\theta & 0 \\ 0 & 0 & 1 \end{bmatrix} \begin{bmatrix} x \\ y \\ z \end{bmatrix} = \boldsymbol{R}_z \begin{bmatrix} x \\ y \\ z \end{bmatrix} \tag{2-4}$$

如果用 4×4 的矩阵来表达，则绕 Z 轴的旋转矩阵可以表达为：

$$\boldsymbol{R}_z = \begin{bmatrix} \cos\theta & -\sin\theta & 0 & 0 \\ \sin\theta & \cos\theta & 0 & 0 \\ 0 & 0 & 1 & 0 \\ 0 & 0 & 0 & 1 \end{bmatrix} \tag{2-5}$$

同理，绕 X 轴旋转 φ 以及绕 Y 轴旋转 ω，可得：

$$\begin{bmatrix} x' \\ y' \\ z' \end{bmatrix} = \begin{bmatrix} 1 & 0 & 0 \\ 0 & \cos\varphi & -\sin\varphi \\ 0 & \sin\varphi & \cos\varphi \end{bmatrix} \begin{bmatrix} x \\ y \\ z \end{bmatrix} = \boldsymbol{R}_x \begin{bmatrix} x \\ y \\ z \end{bmatrix} \tag{2-6}$$

$$\begin{bmatrix} x' \\ y' \\ z' \end{bmatrix} = \begin{bmatrix} \cos\omega & 0 & \sin\omega \\ 0 & 1 & 0 \\ -\sin\omega & 0 & \cos\omega \end{bmatrix} \begin{bmatrix} x \\ y \\ z \end{bmatrix} = \boldsymbol{R}_y \begin{bmatrix} x \\ y \\ z \end{bmatrix} \tag{2-7}$$

2.1.3 坐标系

坐标系是描述物体存在的空间位置(坐标)的参照系。在增强现实的应用中,常见的坐标系包括世界坐标系、物体坐标系、摄像机坐标系等(见图2.2)。

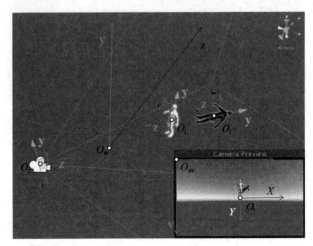

图 2.2　左手坐标系中的各坐标系统

世界坐标系,又叫全局坐标系,用来描述物体在整个世界空间中的位置(坐标)。如图 2.2 中世界坐标系 O_w,在场景中,有一个坐标原点(0,0,0),所有物体均根据与它的相对位置来得到自己的世界坐标。例如,图中白色"人"在 O_w 坐标系中的坐标为(2,0,2),则他的世界坐标为(2,0,2)。

物体坐标系,又叫局部坐标系、模型坐标系。物体坐标系是用来描述内部元素的相对位置,例如,一个人的手在自己身体的位置,或者一个车轮在一辆车的位置。每个物体都有其独立的物体坐标系,物体坐标系的原点为该物体的中心,且物体坐标系随物体的移动或者旋转而变化,物体坐标系相对于物体本身而言始终是不变的。如图 2.2 中,两个"人"的物体坐标系 O_l、O_l',当"人"发生位移、旋转时,其物体坐标系也随之发生位移、旋转。物体内部的元素根据物体的世界坐标和它在物体坐标系下的坐标来得到自己的世界坐标。例如,黑色和白色"人"的内部元素"头部"在物体坐标系中的坐标均为(0,0.8,0)。

摄像机坐标系用来描述在摄像机视角内的各物体位置。以相机的聚焦中心为原点,以光轴朝向为 Z 轴建立三维直角坐标系。相机右边方向为 X 轴方向,摄像机的正上方为 Y 轴方向,如图 2.2 中摄像机坐标系 O_c。使用此坐标系可以方便地判断物体是否在摄像机前方以及摄像机视角内各物体之间的先后遮挡顺序。图 2.2 的右下角为摄像机视角所看到的画面,可以方便地得出两个"人"的前后位置关系。

图像坐标系和像素坐标系都是成像在平面上的二维坐标系,用来描述屏幕上的像素点的位置信息。图像坐标系,又叫屏幕坐标系,通常选取图像或屏幕的正中心为原点构成二维坐标系,如图 2.2 中的图像坐标系 O_i。图像坐标系的单位为物理长度,即成像距离,可看成是摄像机坐标系在摄像机镜头上的投影。而原点的选定和 X、Y 轴的方向也可根据需要自行定义。像素坐标系通常选取图像或屏幕的左上角为原点构成二维坐标系,如图 2.2 中的像素坐标系 O_{uv}。像素坐标系的单位为像素,通常描述为几行几列。图像坐标系的原点可选定为屏幕左上角、屏幕正中心或者屏幕左下角，V轴正方向也可向上或者向下。

2.1.4 坐标系的表示方法与旋转顺序

上述各种坐标系通常采用笛卡儿坐标系来表示。笛卡儿坐标系分为左手坐标系和右手坐标系，如图2.3所示。在左手坐标系中，让左手大拇指、食指、中指两两垂直，此时左手大拇指方向为X轴正方向，左手食指方向为Y轴正方向，左手中指方向为Z轴正方向。在右手坐标系中，保持右手食指、大拇指指向和左手食指、大拇指指向一致。故在左手坐标系和右手坐标系中，X轴和Y轴的方向是相同的，Z轴的方向是相反的。实际上，保持三根手指不动，可任意旋转手腕，定义各轴正方向在空间中的指向，即左右手坐标系的区别为XYZ中其中一个坐标轴方向相反。下面均选用最为常用的Z轴相反。在这个情况下，同一个物体在同一个场景下，若其在左手坐标系中的坐标为(x,y,z)，则其在右手坐标系中的坐标为$(x,y,-z)$。

在增强现实开发过程中常用的软件中，Unity3D和DirectX使用的是左手坐标系，Maya和OpenGL则使用的是右手坐标系。如果需要在左、右手坐标系之间做切换，则需要进行转换（见图2.3）。具体的变换方式，将在后续具体介绍。

选定不同的旋转中心、旋转轴会影响旋转结果。而旋转顺序的不同也会导致在相同的旋转角度、旋转中心和旋转轴下呈现不同的结果。如图2.4所示，在右手坐标系下，同一物体先绕Y轴旋转90°再绕Z轴旋转90°和先绕Z轴旋转90°再绕Y轴旋转90°所最终呈现出的结果是不同的。

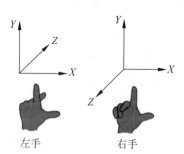

图2.3 左手坐标系（左）与右手坐标系（右）

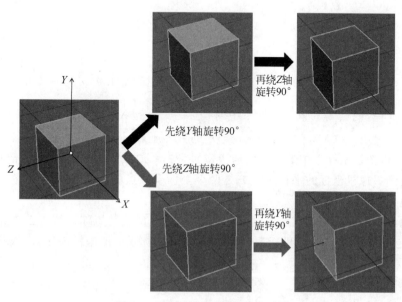

图2.4 不同旋转顺序的结果不同

旋转顺序共有 6 种,分别为 XYZ、XZY、YXZ、YZX、ZXY、ZYX。将物体绕 X 轴旋转的分量矩阵记为 $\boldsymbol{R}_x$、绕 Y 轴旋转的分量矩阵记为 $\boldsymbol{R}_y$、绕 Z 轴旋转的分量矩阵记为 $\boldsymbol{R}_z$,物体的旋转矩阵由这三个分量随着旋转顺序相乘得到。例如,当旋转顺序为 ZYX 时,即先绕 Z 轴旋转,再绕 Y 轴,最后 X 轴,该物体的旋转矩阵 $\boldsymbol{R}=\boldsymbol{R}_x\boldsymbol{R}_y\boldsymbol{R}_z$。

2.2 坐标系变换

前面介绍了增强现实中常见的四个坐标系:世界坐标系、物体坐标系、摄像机坐标系和图像坐标系。在增强现实的不同技术环节下,例如位置跟踪、画面渲染等,需要在两个甚至多个坐标系之间进行坐标变换,即要计算同一个点在不同坐标系下的位置。下面使用左手坐标系来讲述上述四个坐标系之间的典型变换。

2.2.1 世界坐标系与相机坐标系之间的变换

图 2.5 为世界坐标系和摄像机坐标系的转换,O_c 为摄像机坐标系,O_w 为世界坐标系。由世界坐标系变换到摄像机坐标系属于刚体变换,即物体不会发生缩放变换,只需要进行旋转和平移变换。也就是说,这两个坐标系可以通过旋转和平移来实现相互转换。这种变换矩阵称为摄像机的外部参数矩阵。

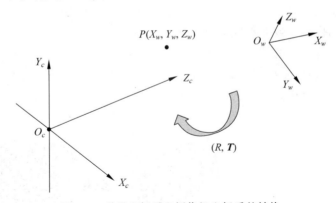

图 2.5　世界坐标系和摄像机坐标系的转换

在图 2.5 中,记点 p 在世界坐标系中的坐标为 $P_w=(X_w,Y_w,Z_w)^{\mathrm{T}}$,在摄像机坐标系中对应的坐标为 $P_c=(X_c,X_c,X_c)^{\mathrm{T}}$。点 p 的世界坐标是与世界坐标系原点的相对位置得出,而其在摄像机坐标系中的坐标由与摄像机坐标系原点的相对位置得出,故将 P_w 由世界坐标转换到摄像机坐标的平移矩阵 $\boldsymbol{T}$ 是两个坐标系原点的差值,即摄像机在世界坐标系中的平移矩阵。

物体绕着不同的坐标轴旋转不同的角度,得到相应的旋转矩阵。如图 2.6 所示,坐标轴绕着 Z 轴旋转 θ,得到点 p(原坐标为 (x,y,z))在新坐标系中的坐标为 (x',y',z'),则可得:

$$\begin{cases} x=x'\cos\theta - y'\sin\theta \\ y=x'\sin\theta + y'\cos\theta \\ z=z' \end{cases} \tag{2-8}$$

上面的坐标系旋转,等效于点 p 绕着 Z 轴旋转 $-\theta$。由式(2-8)可以解得:

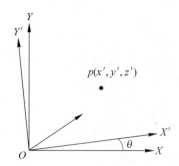

图 2.6　不同的坐标轴旋转后物体的坐标表达

$$\begin{bmatrix} x \\ y \\ z \end{bmatrix} = \begin{bmatrix} \cos\theta & -\sin\theta & 0 \\ \sin\theta & \cos\theta & 0 \\ 0 & 0 & 1 \end{bmatrix} \begin{bmatrix} x' \\ y' \\ z' \end{bmatrix} = \boldsymbol{R}_z \begin{bmatrix} x' \\ y' \\ z' \end{bmatrix} \tag{2-9}$$

同理,绕 X 轴旋转 φ 以及绕 Y 轴旋转 ω,可得:

$$\begin{bmatrix} x \\ y \\ z \end{bmatrix} = \begin{bmatrix} 1 & 0 & 0 \\ 0 & \cos\varphi & \sin\varphi \\ 0 & -\sin\varphi & \cos\varphi \end{bmatrix} \begin{bmatrix} x' \\ y' \\ z' \end{bmatrix} = \boldsymbol{R}_x \begin{bmatrix} x' \\ y' \\ z' \end{bmatrix} \tag{2-10}$$

$$\begin{bmatrix} x \\ y \\ z \end{bmatrix} = \begin{bmatrix} \cos\omega & 0 & -\sin\omega \\ 0 & 1 & 0 \\ \sin\omega & 0 & \cos\omega \end{bmatrix} \begin{bmatrix} x' \\ y' \\ z' \end{bmatrix} = \boldsymbol{R}_y \begin{bmatrix} x' \\ y' \\ z' \end{bmatrix} \tag{2-11}$$

于是可以得到将 P_w 由世界坐标转换到摄像机坐标的旋转矩阵 $\boldsymbol{R} = \boldsymbol{R}_x \boldsymbol{R}_y \boldsymbol{R}_z$(旋转顺序为 ZYX),所以点 p 由世界坐标转换到摄像机坐标的公式为:

$$\begin{bmatrix} X_c \\ Y_c \\ Z_c \\ 1 \end{bmatrix} = \begin{bmatrix} \boldsymbol{R} & \boldsymbol{T} \\ 0 & 1 \end{bmatrix} \begin{bmatrix} X_w \\ Y_w \\ Z_w \\ 1 \end{bmatrix} = \boldsymbol{L}_w \begin{bmatrix} X_w \\ Y_w \\ Z_w \\ 1 \end{bmatrix} \tag{2-12}$$

式 2-12 中的 $\boldsymbol{L}_w$ 即为摄像机的外部参数矩阵。反推即可从摄像机坐标系转换为世界坐标系。

2.2.2　世界坐标系与物体坐标系之间的变换

物体内部元素的世界坐标和在其父类的物体坐标的转换和 2.2.1 节一致。可将其父类的物体坐标系视为摄像机坐标系,则可利用式(2-12)前半部分进行等效计算。反推即可从物体坐标系转换为世界坐标系。

2.2.3　相机坐标系与图像坐标系之间的变换

图 2.7(a)为摄像机棱镜三维原理投影图。摄像机运用棱镜将获取到的图像通过小孔成像的方式缩小倒立呈现在摄像机内部的感光组件上,焦距 F 是棱镜与摄像机焦点的距离。由此可见,从摄像机坐标系到图像坐标系的变换属于透视投影变换,从三维转换到二维,如图 2.7(b)所示。

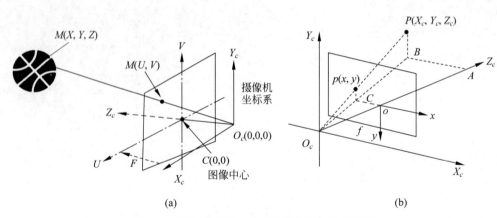

图 2.7　摄像机棱镜三维原理投影图和透视投影

由图 2.7(b)可知,$\angle ABO_c$ 与 $\angle oCO_c$ 相似,并且 $\angle PBO_c$ 与 $\angle pCO_c$ 相似,从而可以推导出:

$$\frac{AB}{oC}=\frac{AO_c}{oO_c}=\frac{PB}{pC}=\frac{X_c}{x}=\frac{Y_c}{y}=\frac{Z_c}{f} \qquad (2\text{-}13)$$

由式(2-13)可解得,点 P 的投影 p 的图像坐标(x,y):

$$x=f\frac{X_c}{Z_c}, \ y=f\frac{Y_c}{Z_c} \qquad (2\text{-}14)$$

综上,摄像机坐标系与图像坐标系相互转换的公式为:

$$Z_c\begin{bmatrix}x\\y\\1\end{bmatrix}=\begin{bmatrix}f&0&0&0\\0&f&0&0\\0&0&1&0\end{bmatrix}\begin{bmatrix}X_c\\Y_c\\Z_c\\1\end{bmatrix} \qquad (2\text{-}15)$$

2.2.4　图像坐标系和像素坐标系之间的变换

像素坐标系和图像坐标系都是二维坐标系,成像在二维平面上,只是它们各自的原点、坐标轴方向和度量单位不一样。如图 2.8 中,坐标系 O_{xy} 为图像坐标系,其单位为物理单位(例如 mm),其原点为相机光轴(即摄像机坐标系 Z 轴)与成像平面的交点,一般情况下是成像平面的中心点。

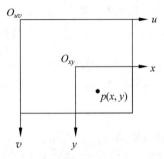

图 2.8　图像坐标系与像素坐标系

坐标系 O_{uv} 为像素坐标系,其单位为像素(px),通常描述一个像素点都是几行几列,所以这二者之间的转换如下。

$$\begin{cases} u = \dfrac{x}{\mathrm{d}x} + u_0 \\[2mm] v = \dfrac{y}{\mathrm{d}y} + v_0 \end{cases} \tag{2-16}$$

其中,$\mathrm{d}x$ 和 $\mathrm{d}y$ 表示每一列和每一行分别代表多少毫米,即 $1\mathrm{px} = \mathrm{d}x\ \mathrm{mm}$。$(u_0, v_0)$ 为图像坐标系原点在像素坐标系中的坐标。由式(2-16)可解得,图像坐标系与像素坐标系的相互转换的公式为:

$$\begin{bmatrix} u \\ v \\ 1 \end{bmatrix} = \begin{bmatrix} \dfrac{1}{\mathrm{d}x} & 0 & u_0 \\[2mm] 0 & \dfrac{1}{\mathrm{d}y} & v_0 \\[2mm] 0 & 0 & 1 \end{bmatrix} \begin{bmatrix} x \\ y \\ 1 \end{bmatrix} \tag{2-17}$$

由式(2-15)和式(2-17)可得:

$$\begin{bmatrix} \dfrac{1}{\mathrm{d}x} & 0 & u_0 \\[2mm] 0 & \dfrac{1}{\mathrm{d}y} & v_0 \\[2mm] 0 & 0 & 1 \end{bmatrix} \begin{bmatrix} f & 0 & 0 \\ 0 & f & 0 \\ 0 & 0 & 1 \end{bmatrix} = \mathbf{Mint} \tag{2-18}$$

Mint 为摄像机的内部参数矩阵,一般来说,摄像机的内部参数矩阵需要人工测量得到,这一测量过程称为摄像机校准。

2.2.5 左右手坐标系之间的转换

左手坐标系和右手坐标系的差异主要是某一坐标轴方向相反,故二者的坐标和旋转均不相同。下面以 Z 轴取反、XYZ 旋转顺序为例,左手坐标系到右手坐标系的坐标点转换为:

$$\mathbf{Q}_r = \begin{bmatrix} x \\ y \\ -z \end{bmatrix} = \begin{bmatrix} 1 & 0 & 0 \\ 0 & 1 & 0 \\ 0 & 0 & -1 \end{bmatrix} \begin{bmatrix} x \\ y \\ z \end{bmatrix} = \mathbf{SQ}_l \tag{2-19}$$

其中,$\mathbf{Q}_r$ 为右手坐标系下的坐标,$\mathbf{Q}_l$ 为左手坐标系下的坐标。在左手坐标系下,物体的旋转矩阵由式(2-9)~式(2-11)可得,$\mathbf{R}_l = \mathbf{R}_x \mathbf{R}_y \mathbf{R}_z$。与求出式(2-8)同理,可以求出右手坐标系下各方向旋转分量:

$$\mathbf{R}'_x = \begin{bmatrix} 1 & 0 & 0 \\ 0 & \cos\varphi & -\sin\varphi \\ 0 & \sin\varphi & \cos\varphi \end{bmatrix}, \ \mathbf{R}'_y = \begin{bmatrix} \cos\omega & 0 & \sin\omega \\ 0 & 1 & 0 \\ -\sin\omega & 0 & \cos\omega \end{bmatrix}, \ \mathbf{R}'_z = \begin{bmatrix} \cos\theta & -\sin\theta & 0 \\ \sin\theta & \cos\theta & 0 \\ 0 & 0 & 1 \end{bmatrix}$$

$$\tag{2-20}$$

故右手坐标系下,物体的旋转矩阵 $\mathbf{R}_r = \mathbf{R}'_x \mathbf{R}'_y \mathbf{R}'_z$。左手坐标系到右手坐标系的旋转转换为:

$$R_r = \begin{bmatrix} 1 & 0 & 0 \\ 0 & 1 & 0 \\ 0 & 0 & -1 \end{bmatrix} R_l \begin{bmatrix} 1 & 0 & 0 \\ 0 & 1 & 0 \\ 0 & 0 & -1 \end{bmatrix} = SR_l S \qquad (2\text{-}21)$$

这样,从左手坐标系到右手坐标系的转换已经完成。同样,当 X 轴取反时,$S = \mathrm{diag}(-1, 1, 1)$;当 Y 轴取反时,$S = \mathrm{diag}(1, -1, 1)$。右手坐标系转换至左手坐标系同理。

2.3 标识与位姿

增强现实标识,又叫视觉标识、基准标识,是在增强现实系统应用中,真实世界与虚拟世界进行位置配准所用的标记。摄像机拍摄到标识图像后,可利用各种图像处理算法,从中检测出标识的识别号 ID,以及标识与视点(摄像机)的相对位置和姿态(简称位姿)。可通过这种检测得到由标识所固定的三维坐标空间中视点(摄像机)的位姿,从而就能够配准虚拟模型在真实世界中的位姿,再将虚拟模型以这种位姿重叠显示在真实世界中,使其如同真实存在一般。简单来说,标识就是将带有 ID 的局部坐标空间设定于真实世界的视觉工具。

基于标识的跟踪技术注册精度比较高,无须昂贵且复杂的跟踪设备,而且标识物的获取相对来说比较容易。一般来说,基于标识的位置配准方法过程包括三个步骤:标识区域的提取检测、标识号 ID 的识别、位姿的计算。首先,增强现实系统通过对真实场景进行视频捕捉,对捕捉的视频进行图像分析并确定图像中标识区域的形状和大小,输出标识区域;然后,对提取出的标识区域通过匹配方法或者解码方法进行 ID 的检测与识别,进而来确定标识的 ID 及其坐标系方向;最后,识别出标识之后,可计算出摄像机与该标识的位姿。增强现实系统会生成标识所对应的三维虚拟模型,并根据计算出的摄像机位姿来进行虚实配准,输出虚实融合后的最终效果。标识最有价值的功能是,即使位置有所偏离,也能识别出 ID 和位姿,具有较强的鲁棒性。本章先介绍常见的人工和自然标识,在第 3 章中将详细介绍如何利用标识进行定位与跟踪。

2.3.1 常见人工标识系统

迄今为止,研究人员已经提出了各种各样的标识。通常来说,标识都是矩形的二维黑白图案,从而可以快速地从复杂的场景环境中提取、检测、识别出标识,而且黑白图案不容易受到光照因素的影响。所以,标识的设计与识别方法是研究基于标识的增强系统必须要面对的问题。现有的标识图例包括 ARToolKit、ARTag、CyberCode、ARToolKitPlus、红外标识、随机标识等。

1. ARToolKit

ARToolKit 是一套基于 C/C++ 开发的增强现实系统开源库,依赖 OpenGL 和 OpenCV。由日本广岛城市大学与美国华盛顿大学联合开发,能够兼容 Linux、Windows 等多种平台。ARToolKit 标识的识别过程是基于一种高度简化的匹配方法,即对 ARToolKit 标识区域内的图案和 ARToolKit 系统中预先注册好的图案图像进行模板匹配。ARToolKit 标识如图 2.9 所示。

2. ARTag

ARTag 由哥伦比亚大学 Mark Fiala 等人开发,具有 2002 个平面标识,在检测与识别方

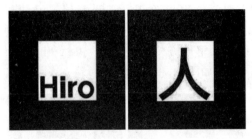

图 2.9 ARToolKit 标识

面改进了 ARToolKit 的性能,拥有一个更大的库。ARTookit 的最大弊病在于它会错误地识别出不存在的标识,并且容易混淆任意的两个标识。ARTag 中保留了带有内部图案的方形边框,但内部图案的处理被数字方法所取代。ARTag 标识首先需要对矩形二维黑白图案内部进行编码,在提取、检测、识别标识的过程中再对其进行解码,而解码的过程是通过二维码的解码方式实现的。这种方式实际上就是直接读取标识框内黑白排列的各个单元格子的赋值(0 或 1),所以 ARTag 不需要像 ARToolKit 系统那样预注册一些模板图案。ARTag 标识如图 2.10 所示。

图 2.10 ARTag 标识

3. CyberCode

CyberCode 是基于二维条码技术的可视标识系统。CyberCode 标识可以被移动设备上的低成本的 CMOS 或 CCD 摄像头识别,它也可以用来确定标识对象的三维位置及其 ID。CyberCode 对标识进行识别时和 ARTag 一样,采用二维码的解码方式,无须像 ARToolKit 系统那样预注册一些模板图案。CyberCode 标识如图 2.11 所示,采用的是白色边框。

图 2.11 CyberCode 标识

4. ARToolKitPlus

ARToolKitPlus 是 ARToolKit 的升级版。相较于 ARToolKit,ARToolKitPlus 提供了

空间感知技术

更简单的基于 C++ 的 API,且支持 4096 个基于二进制的标记,提供了鲁棒性的物体空间姿态估计算法从而减少跟踪时的抖动。ARToolKitPlus 对标识进行识别时和 ARTag 与 CyberCode 一样,采用二维码的解码方式实现,无须像 ARToolKit 系统那样预注册一些模板图案。ARToolKitPlus 标识如图 2.12 所示。

图 2.12 ARToolKitPlus 标识

5. 红外标识

红外标识需要对标识对象涂上红外敏感表面涂层,且要求摄像头对红外光具有敏感性或额外的红外成像设备。首先对红外成像进行灰度化和降噪处理,然后快速识别定位所有标识,最后根据标识的 ID 计算位姿。虽然红外标识需要额外的红外敏感表面涂层和红外光敏设备,但其可以解决强光照对标识识别的影响,而且光线越暗,识别的正确率越高。红外标识应用如图 2.13 所示,图 2.13(a)为白天识别驾驶员是否正确系安全带,图 2.13(b)为黑夜识别驾驶员是否正确系安全带。

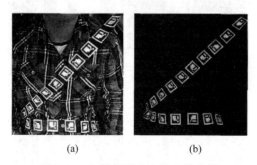

(a)　　　　　　　　　　(b)

图 2.13 红外标识在交通中的应用

6. 随机点标识

随机点标识是由小点集合构成的标识,见图 2.14,随机点标识和矩形标识不一样,是没有黑色或白色边框的,图中的黑线边框只是为了显示标识区域。随机点标识利用小点分布差异来识别标识。例如,由图 2.14 的两个随机标识便可得知,不同标识的黑点分布是不同的。为了制作点分布不同的标识,需要进行随机布点,因此叫作随机点标识。使用随机点标识,原理和 ARToolKit 一样,首先需要将布局在标识上的各点的坐标值录入数据库,只有事先录入数据库里的标识才能被识别。

与矩形标识相比,随机点标识有以下四个特点。

(1)标识不需要边框。随机点标识通过小点的提取实现标本的提取,所以不需要使用像矩形标识那样的黑色边框。

(2)标识形状不局限于矩形,可使用各种形状。标识所包含的小点不必局限于矩形区

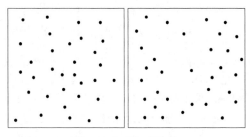

图 2.14　随机点标识

域内,心形、星形或者其他形状的区域也可被识别。

（3）标识部分被遮挡也能被识别。识别矩阵时,如果用于标识提取的黑色边框被遮挡,就会识别不出或者识别出现偏差。而随机点标识的部分点即使被遮挡,也可以通过其他点的对应配对实现标识的识别。

（4）可把握变形程度。以前的标识一般假定其平面性,但是随机点标识识别可以从点的对应配对结果检测出可能存在的标识变形程度,根据变形程度调整图形图像的叠加效果。

2.3.2　依照标识计算摄像机的位姿

标识的位姿是利用将摄像机坐标系通过平移和旋转,重合到标识坐标系的变换矩阵加以求解得到的。坐标系间的关系如图 2.15 所示。而且,该步骤要求获得标识坐标系里的四个顶角点位置信息(x,y)。因此需要提前记载各个坐标顶角点位置信息。

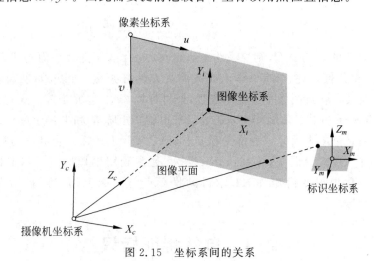

图 2.15　坐标系间的关系

这里,设 T 为将标识坐标系的三维坐标值变换为摄像机坐标系的三维坐标值的矩阵,记作

$$X_c = TX_m = \begin{bmatrix} \boldsymbol{R} & \boldsymbol{t} \\ 0 & 1 \end{bmatrix} X_m \qquad (2\text{-}22)$$

式中的 X_m、X_c 分别为标识坐标系、摄像机坐标系的三维点,$\boldsymbol{R}$ 是旋转变换矩阵,$\boldsymbol{t}$ 是平移向量。用齐次坐标可以表示如下。

空间感知技术

$$\begin{bmatrix} X_c \\ Y_c \\ Z_c \\ 1 \end{bmatrix} = \begin{bmatrix} r_{11} & r_{12} & r_{13} & t_x \\ r_{21} & r_{22} & r_{23} & t_y \\ r_{31} & r_{32} & r_{33} & t_z \\ 0 & 0 & 0 & 1 \end{bmatrix} \begin{bmatrix} X_m \\ Y_m \\ Z_m \\ 1 \end{bmatrix} \tag{2-23}$$

标识识别软件对每帧图像、每个标识进行上述变换矩阵 $\boldsymbol{T}$ 的计算。

将图像平面上的点记为 $(u,v)^\mathrm{T}$，那么表达摄像机坐标系（现实世界）的三维点 $(X_c, Y_c, Z_c)^\mathrm{T}$ 是如何投影到该图像平面的摄像机模型便可以利用摄像机校正矩阵 $\boldsymbol{K}$ 表示，记作式(2-24)。

$$h \begin{bmatrix} u \\ v \\ 1 \end{bmatrix} = \boldsymbol{K} \begin{bmatrix} X_c \\ Y_c \\ Z_c \\ 1 \end{bmatrix} = \begin{bmatrix} f_u & s & p_x & 0 \\ 0 & f_v & p_y & 0 \\ 0 & 0 & 1 & 0 \end{bmatrix} \begin{bmatrix} X_c \\ Y_c \\ Z_c \\ 1 \end{bmatrix} \tag{2-24}$$

$\boldsymbol{K}$ 的组成要素是摄像机标定所求得的内部参数，(p_x, p_y) 是核心点（通常是图像坐标系原点）、(f_u, f_v) 是以像素作为单位表示的焦距。给定 0 以外的任意一个标量值 h，等式(2-24)成立。这里假定已经完成了摄像机标定或图像畸变校正。由式(2-23)和式(2-24)可得式(2-25)。

$$h \begin{bmatrix} u \\ v \\ 1 \end{bmatrix} = \boldsymbol{KT} \begin{bmatrix} X_m \\ Y_m \\ Z_m \\ 1 \end{bmatrix} = \begin{bmatrix} m_{11} & m_{12} & m_{13} & m_{14} \\ m_{21} & m_{22} & m_{23} & m_{24} \\ m_{31} & m_{32} & m_{33} & m_{34} \end{bmatrix} \begin{bmatrix} X_m \\ Y_m \\ Z_m \\ 1 \end{bmatrix} \tag{2-25}$$

取标识平面上的点为 X_m，则 Z_m 为 0。此时，式(2-25)表示平面与平面的对应关系（Homography，单位性）。由于有 9 个未知数而且 h 为任意数，所以，如果知道标识的四个顶角点的位置及其在各自图像平面上的位置，便可计算 3×3 单元矩阵。通过矩阵 $\boldsymbol{QR}$ 分解（分解为正交矩阵 $\boldsymbol{Q}$ 和上三角矩阵 $\boldsymbol{R}$），还可以求得旋转矩阵 $\boldsymbol{R}$ 和平移向量 t。

如上求得的 t 和 $\boldsymbol{R}$ 表示标识的位置和姿态，但是实际上还需要将其作为初始值，进行反复迭代计算以进一步减少误差（ARToolKit 等）。通常利用牛顿法或马尔卡托法等非线性优化方法来最小化根据变换矩阵 $\boldsymbol{KT}$ 求得的投影点与图像上的实际投影点之间的位置误差（二次投影误差）。

2.4　自然特征标识

基于标识的位置配准事先需要确定标识的纹理或形状，并且需要事先在真实环境中放置标识。而在一些大场景或者复杂场景中，则需要放置大量的标识，这无疑增加了使用增强现实系统所需要的工作量。在这种情况下，基于自然特征的位置配准则能利用真实环境中的一些自然特征作为增强现实系统的跟踪参考物，如利用照片、杂志等身边物件作为增强现实系统的标识。基于自然特征的位置配准是利用从对象物体的纹理或形状中提取的特征点或特征边来实现增强现实的技术。虽然这种方法适用于户外增强现实系统应用，但是基于自然特征的位置配准计算量较大，并且在实际场景中自然特征提取难度较大，精度较低，故而实时性较低,不适用于一些对实时性要求较高的增强现实系统。

2.4.1 自然特征提取匹配算法

1. Harris 角点检测算法

Harris 算法是 Harris 和 Stephens 提出的一种点特征提取算法,被公认为是角提取中较好的方法。该方法的核心思想是:在图像中设计一个局部特征检测窗口,当该窗口沿着各个方向做微小移动时,考查窗口的平均灰度变化。当窗口内图像的灰度没有发生变化时,那么窗口内就不存在角点,如图 2.16(a)所示;当窗口在某一个方向移动时,窗口内图像的灰度发生了较大的变化,而在另一些方向上没有发生变化,那么,窗口内的图像可能就是一条直线段,如图 2.16(b)所示。当窗口内区域的灰度在两个方向上都发生了较大的变化,那么就认为在窗口内遇到了角点,如图 2.16(c)所示。

Harris 算法的特性有:①对旋转、缩放的不变性;②光强差异的鲁棒性;③对尺度变化敏感;④对噪声敏感;⑤计算量大。

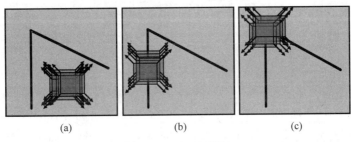

      (a)   (b)   (c)

图 2.16　Harris 算法

2. FAST 算法

FAST 算法由 Rosten 等人提出,他们将其定义为:若某像素与周围领域内足够多的像素点相差较大,则该像素可能是角点。FAST 算法包含以下三个主要步骤。

(1) 确定候选角点。对固定半径圆上的所有像素进行分割测试,去除大量的非特征候选点。经过分割测试后,大部分的非候选角点被排除,剩下的就是候选角点。分割测试是通过对一固定半径的圆形模板的比较和计算进行的,在 FAST 角点检测算法中,一般是通过半径为 3.4px、外围 16px 的圆作为模板,如图 2.17 所示。

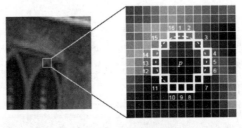

图 2.17　FAST 算法

(2) 用 ID3 决策树算法来训练角点检测。基于分类的角点特征检测,根据 16 个特征判决候选点,使用 ID3 树分类器来检测是否为角点特征。

(3) 利用非极大值抑制进行角点特征的验证。在筛选出来的候选角点中有很多是紧挨在一起的,需要通过非极大值抑制来消除这种影响,排除不稳定角点。

FAST 算法的特性有:①高计算效率;②高可重复性;③受噪声影响较大。

3. SIFT 特征检测与描述算法

SIFT 特征匹配算法是 Lowe 基于不变量技术的特征检测方法提出的一种高效区域检测算法。SIFT 即尺度不变特征变换,是用于图像处理领域的一种描述子。该描述具有尺度不变性,是一种**局部特征描述子**,能够在图像中识别检测出关键点。SIFT 算法实现特征检测主要有三个步骤,见图 2.18。

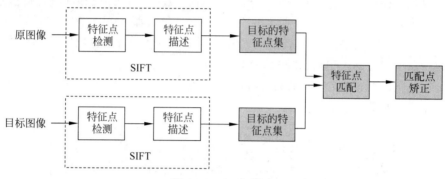

图 2.18　SIFT 算法

(1) 提取关键点。搜索所有尺度空间上的图像位置,通过高斯微分函数来识别潜在的具有尺度和旋转不变的关键点。其中关键点是一些十分突出的并且不会因光照、尺度、旋转等因素而消失的点,例如,角点、边缘点、暗区域的亮点以及亮区域的暗点等。

(2) 定位关键点并确定特征方向。在每个候选的位置上,通过一个拟合精细的模型来确定位置和尺度,关键点的选择依据于它们的稳定程度。然后基于图像局部的梯度方向,分配给每个关键点位置一个或多个方向。所有后续对图像数据的操作都相对于关键点的方向、尺度和位置进行变换,从而提供对于这些变换的不变性。

(3) 通过比较各关键点的特征向量,进行两两比较找出相互匹配的若干对特征点,建立物体间的对应关系。

SIFT 的特征匹配主要包括两个阶段:SIFT 特征生成和 SIFT 特征匹配。在生成特征时,通过从多幅图像中提取对亮度、旋转、尺度缩放等变化不敏感的特征向量的方式来生成 SIFT 特征。

SIFT 算法的特性有:①特征点稳定性好,对旋转、缩放、亮度等变化有一定的包容性,具有一定的抗噪性;②特征点区别明显,能够在海量特征数据库中快速匹配准确的特征点信息,甚至能够达到实时匹配的要求;③可扩展性好,可以很方便地联合其他形式的特征向量,这是 SIFT 算法相较于其他算法的优势。

4. SURF 特征检测算法

SURF 特征检测算法是由 Herbert Bay 于 2006 年提出的一种特征提取算法,该算法吸收了 SIFT 算法的思想,并且比 SIFT 算法快了好几倍。SURF 算法包括特征点检测和描述两部分。

(1) 特征点检测包括三个步骤:①构造尺度空间;②对尺度空间进行极值检测;③对特征点过滤并进行精确定位。

（2）描述：同 SIFT 算法一样，即包括主方向的确定以及特征描述符的生成。

SURF 算法提取的特征点应该包括位置、所在尺度、主方向以及特征向量等有关信息，其中特征向量包含特征点周围领域的信息。图 2.19 为 SURF 算法对两张图片的特征点匹配示例。

SURF 算法的特性有：①特征点稳定性好，对尺度、旋转具有不变性，对光照变化和仿射、透视变换具有部分不变性；②其在鲁棒性、重复度、独特性等多个方面均靠近或超过 SIFT 算法。

图 2.19　SURF 算法对两张图片的特征点匹配示例

5. BRIEF 特征点描述算法

BRIEF 特征点描述算法是由 Michael Calonder 等人在 2010 年提出的，该算法对已检测到的特征点进行描述。该算法使用二进制描述特征信息，优于利用区域灰度直方图描述特征点的传统方法，极大地降低了特征描述符建立的时间，同时也大大提高了特征匹配的速度。BRIEF 是一种非常快速、极具潜力的算法。由于 BRIEF 仅仅是特征描述子，所以事先要得到特征点的位置，可以利用 FAST 特征点检测算法或 Harris 角点检测算法或 SIFT、SURF 等算法检测特征点的位置。最后在特征点邻域使用 BRIEF 算法建立特征描述符。BRIEF 特征点描述算法包含以下三个步骤。

（1）为减少噪声干扰，先对图像进行高斯滤波（方差为 2，高斯窗口为 9×9）。

（2）以特征点为中心，选取 S×S 的邻域窗口。在窗口内随机选取一对点，比较二者的像素值，并进行二进制赋值。

（3）在窗口中随机选取 N（一般 N 为 256）对随机点，重复步骤（2）的二进制赋值。最后形成一组二进制编码，这组编码就是对特征点的描述，即 BRIEF 特征描述子。

BRIEF 算法的计算速度很快、节约存储空间，但是对噪声敏感，且不具备对旋转和尺度的不变性。经过 BRIEF 算法对特征点描述后，可进行配准，如图 2.20 所示。

图 2.20　BRIEF 特征描述后进行配准的示例

空间感知技术

6. ORB

ORB算法是由 Ethan Rublee 等在 2011 年提出的一种快速特征点提取和描述的算法。ORB算法分为两部分：特征点提取和特征点描述。特征点提取是基于 FAST 特征点检测算法发展出来的，特征点描述是基于 BRIEF 特征描述算法改进的。ORB 特征是将 FAST 与 BRIEF 结合起来，并在它们原来的基础上优化改进。

ORB算法最大的特点就是计算速度快，计算时间大概只有 SIFT 的 1%，SURF 的 10%，这主要是因为使用了 FAST 来加速了特征点的提取。再一个是使用 BRIEF 算法编码描述子，该描述子特有的二进制的表现形式不仅节约了存储空间，而且大大提高了匹配的速度。当然 ORB 算法也有一些缺点，如尺度变换的应对能力比较低。ORB 算法示例见图 2.21，从左向右依次是特征描述 1、特征描述 2、特征匹配。

图 2.21　ORB算法的特征描述及匹配示例

2.4.2　利用特征点的跟踪

利用特征点的跟踪则是利用前一时刻图像的特征点位置或摄像机的位置姿态算出当前摄像机的位置姿态。下面按照二维特征点和三维特征点分别介绍已提出的方法。

1. 二维特征点的跟踪

二维特征点的跟踪是针对时刻 t 在图像上所取得的特征点，计算在时刻 $t+1$ 的图像上同一特征点的位置。KLT(Kanade-Lucas Tomasi)跟踪是具有代表性的方法之一。

二维特征点跟踪处理流程如图 2.22 所示。首先，在时刻 $t+1$ 的图像上，将时刻 t 提取的特征点周围一定区域内设定为搜索范围。其次，将时刻 t 提取的特征点与搜索范围内的所有像素进行模板匹配。然后，从模板匹配的结果中取相似度最高的像素，作为时刻 $t+1$ 图像的特征点的位置。最后，根据时刻 t 的图像特征点的三维坐标以及时刻 $t+1$ 图像特征点的图像坐标，求出 $t+1$ 时刻当前摄像机的位姿，从而实现二维特征点的跟踪。

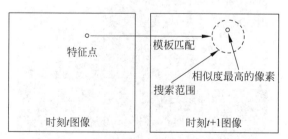

图 2.22　二维特征点跟踪的处理流程

2. 三维特征点的跟踪

三维特征点的跟踪是利用摄像机的三维运动模型对物体的三维特征点位置的跟踪处

理。与二维特征点不同的是,三维特征点搜索范围的设定方法更加复杂。

三维特征点跟踪处理流程如图 2.23 所示。已知时刻 t 的相机姿态 $\boldsymbol{R}_t$ 和位置 $\boldsymbol{t}_t$。首先,需要对时刻 $t+1$ 的摄像机运动模型进行预测,估计出时刻 $t+1$ 的摄像机姿态 $\boldsymbol{R}'_{t+1}$ 和位置 $\boldsymbol{t}'_{t+1}$。其次,根据测算所得的摄像机位姿将对象物体上的三维特征点投影到时刻 $t+1$ 的图像上。如图 2.23 中,利用 $\boldsymbol{R}'_{t+1}$ 和 $\boldsymbol{t}'_{t+1}$ 将三维特征点 P 投影到时刻 $t+1$ 的图像上得到投影像素 P'。然后,将投影像素周围一定范围内设定为搜索范围,利用与三维特征点相对应的模板对所搜范围里的各像素进行模板匹配,取得模板匹配相似度最高的像素,作为时刻 $t+1$ 的特征点的图像坐标。最后,根据特征点的三维坐标和图像坐标,计算出时刻 $t+1$ 的摄像机姿态 $\boldsymbol{R}_{t+1}$ 和位置 $\boldsymbol{t}_{t+1}$。

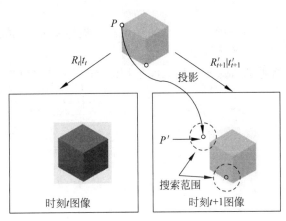

图 2.23　三维特征点跟踪的处理流程

3. 利用其他特征的跟踪

当对象物体为平面时,不必从对象物体中提取自然特征,而是使用对象平面整体纹理便可以跟踪摄像机的位姿。这种方法假定数据库里被记录的对象物体的图像 I_d、时刻 t 的图像为 I_t、基于摄像机的位姿 $\boldsymbol{p}$ 对图像进行平面投影变换的函数为 w、计算两幅图像间相似度的函数 f,按照式(2-26)计算时刻 t 的摄像机位姿 $\boldsymbol{p}_t$。也就是说,先得到基于摄像机的位姿 $\boldsymbol{p}$ 对时刻 t 的图像 I_t 进行平面投影变换而得到的图像,再算出该图像与数据库里的图像 I_d 的相似度,最终算出相似度最大时的摄像机位姿 $\boldsymbol{p}_t$。跟踪处理则因为时刻 $t-1$ 的摄像机位姿已知,所以将 $\boldsymbol{p}_{t-1}$ 用作 $\boldsymbol{p}$ 的初始值。

$$\boldsymbol{p}_t = \underset{p}{\operatorname{argmax}} f(I_d, w(I_t, \boldsymbol{p})) \tag{2-26}$$

还有一些方法,对于利用特征点的跟踪无效的物体,可利用从对象物体形状提取的边缘实现跟踪。这些方法与前述利用对象平面整体纹理跟踪摄像机位姿的方法从原理上讲是一致的。具体是用边缘而非图像 I 作为式(2-26)的变量。

小　　结

增强现实应用不但需要对真实世界进行准确理解,还需要将虚拟内容叠加于正确的真实世界位置。配准是一个关键的步骤,就是要理解虚拟世界和真实世界的相对位置,并且伴随着用户在真实世界中行走,可以实时判断他在真实世界中的位置,并及时更新虚拟世界的

空间感知技术

渲染内容。本章学习了坐标、标识等工具,用于表达三维场景中的位置信息等。后续章节的内容,特别是第 3 章中的定位技术和基于图形的输入输出技术,将使用到本章中介绍的数学概念。

习　　题

1. 画示意图,用于描述世界坐标系、摄像机坐标系、物体坐标系、图像坐标系。

2. 一个向量$(1,0,0)$,分别经过两次不同的变换:①先沿 X 轴旋转 $30°$,再沿 Y 轴旋转 $60°$;②先沿 Y 轴旋转 $60°$,再沿 X 轴旋转 $30°$。计算经过这两次变换后,该向量值是否一致。

3. 一个左手坐标系下的向量$(3,5,1)$,如果用右手坐标系表达,请计算该向量值。

4. 请描述常见人工标识的优缺点。

5. 请描述并比较常见的自然特征提取匹配算法,特别关注各算法适应的不同场景。

第 3 章 　位置感知技术

3.1 　定位技术简介

　　终端(手机、平板、AR 眼镜)作为增强现实的硬件平台,允许用户在真实世界中自由行动是一个自然的功能需求。但为了将虚拟内容稳定地放置在真实世界中,终端的实时位姿就是一个必须知道的信息。

　　终端的实时位姿,既包括该终端在整个世界(地球)的全局坐标,也包括它在一个小环境(如一个房间内)中移动的局部坐标。全局坐标可通过北斗等全球定位系统获取。卫星定位技术虽然应用广泛,但是在室内以及有遮挡的地方,接收不到卫星信号,就无法通过卫星进行定位。局部坐标可以依靠终端自身的传感器计算得到,也可以通过外部布置的传感器辅助得到。

　　仅依靠自身的传感器(例如摄像机、惯性传感单元等)计算终端的实时位姿是一件有挑战的事情。如果是在一个陌生环境中移动,则是一个更艰巨的任务,这意味着算法需要在"黑暗"中摸索,并记录自己移动的轨迹。这是机器人领域的一个典型问题:即时定位与地图构建(Simultaneous Localization And Mapping,SLAM)。本章首先介绍 SLAM 领域的主流方法,然后重点介绍基于移动终端的典型算法,最后介绍一些辅助定位技术。

3.2 　SLAM 技术简介

　　SLAM 问题可以被描述为一个机器人在未知环境中的未知位姿,能否通过自己的连续移动,在构建地图的同时,估计出自身在地图中的位姿。

　　几年前扫地机器人的出现使得 SLAM 技术走入人们的视野。其实经过多年的发展,SLAM 技术已经愈发成熟,在无人驾驶、无人机、增强现实、服务机器人等工业和商用领域有着广泛的应用。SLAM 在近三十多年的发展历程可以分为三个阶段,第一阶段是 1986—2004 年,这一时期引入了 SLAM 概率论推导方法,包括基于扩展卡尔曼滤波、粒子滤波和最大似然估计。基于概率方法的激光 SLAM 起步较早,可靠性高,精度好,技术相对成熟,在无人驾驶、扫地机器人以及仓储物流方面有较好的应用。但是激光 SLAM 主要是受激光器的体积和成本约束,在无人机、增强现实、手术机器人等方面应用受限。视觉 SLAM 因为依赖的相机体积小、便于携带、易于安装等优点获得研究者的关注。最早基于概率的视觉

SLAM 算法是由 Davison 设计的 MonoSLAM。

第二阶段是 2004—2015 年,视觉 SLAM 算法产生了较大突破,基于优化方法产生了许多经典算法。这些经典算法可以分为两类:一类是基于特征点方法,一类是基于直接法。基于特征点的 SLAM 方法作为经典的定位算法,在室内和室外等自然环境中均取得较好的效果。它从图像中提取特征,并从特征之间的匹配关系估计环境中特征点的 3D 位置和相机位姿。比较常用的特征有 SIFT、SURF 和 ORB 等。相比于只能基于稀疏地图进行定位的特征点方法,直接法可以基于每个像素构建稠密地图,其在扩展性和鲁棒性方面更有优势。直接法不依赖于特征点提取和匹配,因此它对环境特征和图像质量的丰富性(例如模糊、图像噪声等)不敏感。

从 2015 年至今,SLAM 已经进入鲁棒感知阶段,主要从鲁棒性、对环境的高层次理解、资源敏感和对任务驱动的判断这四个方面进行发展。2015 年,Mur-Artal 根据先前工作,基于 ORB 特征提出了性能最好的 ORB-SLAM 框架,其中,跟踪线程以最小化重投影误差来优化相机的姿势,而构图线程通过三角测量来估计地图点的深度。这些技术使得 SLAM 的性能更加稳定,可以长时间进行精确定位。在此基础上,可以进行机器人定位导航、协同探索等应用。随着深度学习的发展,有许多研究者将深度学习方法融入传统的 SLAM 算法中,在相机轨迹的精确性和重建点云的准确性上有所提升。Tateno 等首次提出在关键帧上用训练好的 CNN 网络来预测单帧图深度值的 CNN-SLAM,同时进行了语义分割。Laidlow 等人提出了基于对数深度图像梯度的 DeepFusion 方法,与当前先进算法效果相当。2018 年,Magic Leap 提出了基于自监督训练的特征点检测和描述符提取方法 SuperPoint,最终的结果显示效果要明显高于 ORB 的特征提取性能。

在已有工作的基础上,一些项目基于 LSD-SLAM 进行街景重建,如图 3.1(a)所示。有的工作则关注于无人机上对建筑进行在线半稠密重建,如图 3.1(b)所示。还有的项目侧重于根据多个 RGB-D 相机协同进行室内场景恢复,如图 3.1(c)所示。

(a) 街景重建   (b) 建筑重建   (c) 协同室内重建

图 3.1　基于 SLAM 的实时三维重建

研究人员在智能手机上通过直接法对齐不同图像帧的像素,构建了半稠密深度地图,实现了在手机端的增强现实应用。发表于 2014 年的研究工作就可以超过 30 帧/秒,重建网格分辨率超过 320×240,为手机端的增强现实广泛应用奠定了基础。这些工作普遍是利用智能手机的前置摄像头,进行位姿估计和网格重建(见图 3.2)。基于单目摄像头的跟踪方法是富有挑战性的,因为缺少足够的深度信息。在后续工作中,结合单目摄像头和惯性传感单元将成为主流的技术路线。

图 3.2　SLAM 在手持设备增强现实中的应用

3.3　常见 SLAM 系统介绍

下面将根据系统使用的硬件来进行分类,主要包括激光、RGB、RGBD 和惯性传感单元(IMU),并介绍各类中最经典的方法。

3.3.1　激光 SLAM

便携式激光测距仪(也称为 LIDAR)是获取平面图的有效方法。因此,激光 SLAM 是较早发展起来的 SLAM 技术,在扫地机器人、无人驾驶领域、城市搜索和救援、环境测量等方面有较为广泛的应用。激光 SLAM 方法可以直接获取从激光器到周围环境中障碍物的距离,以点云的形式表达周围环境。根据生成的点云数据,测算障碍物位置、大小、形状等。激光 SLAM 在构建地图的时候,优点是精度较高,且没有累计误差。即使是入门级别的激光雷达构建的距离测量精度也可达到 2cm 左右。但设备体积、重量都较大,无法集成于小型的增强现实硬件(例如智能手机中),同时设备购置费用较高,不适合成本敏感的应用场景。比较经典的激光 SLAM 系统有 Cartographer、Gmapping 和 Hector_SLAM。Cartographer 方法可实现 5cm 分辨率的实时建图和回环优化。Gmapping 依据机器人的运动和最近的观察结果,提出计算准确的分配方法,并选择性执行重采样操作,从而减少了滤波器预测步骤中有关机器人姿势的不确定性和粒子耗尽的问题。Hector_SLAM 结合使用 LIDAR 系统的鲁棒扫描匹配方法和基于惯性传感的 3D 姿态估计,提出了一种在线计算的系统,该系统需要较少的计算资源。通过使用地图梯度的快速逼近和多分辨率网格,可以在各种挑战性环境中实现可靠的定位和地图绘制功能。

3.3.2　视觉 SLAM 系统

MonoSLAM 是最早提出的实时单目 SLAM 系统,可以恢复单眼相机的 3D 轨迹,在未知的场景中快速移动。该方法的核心是在概率框架内在线创建稀疏的自然地标地图,使用通用运动模型来平滑相机运动,并对单眼特征初始化和特征方向的估计提出一种解决方法。PTAM 是由 Klein 和 Murray 提出的突破性 SLAM 工作,他们所提出的关键帧选择、特征匹配、三角化、每帧的摄像机定位以及跟踪失败后的重新定位对之后的工作有较大影响。但是,该方法限于小规模操作,缺乏闭环和对遮挡的适当处理,需要进行人工干预。SVO 是一种在 2014 年提出的半直接单目视觉测距算法。该算法适用于 GPS 受限的环境中的微型航空器状态估计,并且在嵌入式计算机上以每秒 55 帧的速度运行,在消费类笔记本电脑上以

位置感知技术

每秒 300 帧的速度运行。SVO 不进行特征匹配而是直接对像素强度进行操作，从而在高帧速率下产生亚像素精度。同年，Jakob Engel 等人提出了一种在 CPU 上实时运行的直接（无特征的）SLAM 算法，即 LSD－SLAM。该算法能够获取高精度关键帧的姿势图，且允许实时构建大规模半密集的深度图。此外，该方法可以应对存在巨大变化的场景尺度。

ORB-SLAM 在 2015 年由西班牙学者 Raul Mur-Artal 提出并发表在 *IEEE Transactions on Robotics*。该系统在室内室外、大小型环境中基本都可以实时运行，对于剧烈运动鲁棒性较好，在开源数据集上有较好的表现。ORB-SLAM 是基于特征的典型方法之一，基本包含一个 SLAM 系统所需的步骤，包括跟踪、建图、重定位、回环检测等，且系统代码已经开源，代码风格简明规范，适合初学者。

近些年，由于深度学习方法的流行，将深度学习与 SLAM 方法进行结合出现了大量工作，如 DeepFusion 和 CNN-SLAM。CNN-SLAM 是基于卷积神经网络（CNN）在深度预测方面取得的最新进展，该方法优先考虑在单眼 SLAM 方法趋于失败的图像位置进行深度预测，例如沿低纹理区域。单目 SLAM 的最大局限是无法获取绝对尺度，因此使用基于 CNN 的深度预测可以估计重建后的绝对尺寸。此外，还可以有效地融合语义标签。

3.3.3 RGB-D SLAM

随着 Kinect 等硬件设备的发展，RGB-D SLAM 依据硬件可以获取场景中深度的优势，发展出了一系列的方案，如 RGBDSLAM、RTAB-MAP、ElasticFusion、KinectFusion 和 Kintinuous。RGBDSLAM 仅使用 RGB-D 相机可靠地生成高精度的 3D 地图，可以强大地应对挑战性的场景，例如，快速的摄像机运动和特征点较稀疏的环境，同时又足够快地进行在线操作，适用于小型家用机器人（如吸尘器）以及飞行机器人（如直升机）。RTAB-MAP 是一种基于外观的闭环检测方法，具有内存管理功能，可处理大规模且长期的在线操作。自 2013 年提出以来，它逐渐在各种机器人和移动平台上实现。ElasticFusion 是一种实时密集视觉 SLAM 法，能够以增量在线方式获得密集且全局一致的房间规模环境地图。该方法通过使用密集的图片帧到模型的相机跟踪以及通过非刚性表面变形进行模型细化。通过对场景的外观属性进行简单的假设，该方法以在线方式递增地估计环境中多个光源的数量和位置。KinectFusion 是一种在可变照明条件下能准确实时地绘制复杂和任意室内场景地图的系统。该系统将来自 Kinect 传感器的所有深度数据，通过使用由粗到细的迭代最近点（ICP）算法获得当前传感器的姿态，之后将观测的深度数据实时融合到全局隐式表面模型中。实验证明，它允许实时重构密集的表面，并具有一定程度的细节和强大的功能。

3.3.4 结合惯性传感单元的 SLAM 方法

近年来，结合视觉和惯性传感单元来完成同时定位与地图构建任务的相关技术经过了快速发展，涌现出了大量的优秀工作，比较有代表性的有 MSCKF_VIO、VINS-Mono 和 BASALT。MSCKF_VIO 是一种基于滤波器的视觉惯性里程计方法（Visual-Inertial Odometry，VIO），使用了多状态约束卡尔曼滤波器（MSCKF）。实验表明，该方法可与最新的单眼解决方案相提并论，同时具有更好的鲁棒性。VINS-Mono 是融合视觉和惯性传感器，用于六自由度状态估计的 SLAM 方法。但是，每个传感器的时间戳通常会因不同原因导致不同传感器之间的时间偏移，极大地影响了传感器融合的性能。VINS-Mono 中使用了一种在线方法,用于校准视觉和惯性测量之间的时间偏移。BASALT 也是一种相机和惯性测量单元结合使用的视觉惯性里程计系统。BASALT 主要针对全局一致的映射问题,提出基于非线性因子方法,对 VIO 系统累积的轨迹信息进行了最佳近似,并使用集束调整将这些因素与闭环约束结合起来。

3.4　视觉里程计

视觉里程计(Visual Odometry,VO)是利用单个或多个相机的输入信息估计运动信息的方法。它只利用相机完成,相比于激光雷达,大大降低了成本。此外,基于最新的深度学习技术,视觉信息还可以提供丰富的环境理解功能,完成物体识别等任务。视觉里程计不仅在增强现实,也同时在无人车、无人机、水下机器人等领域有广泛应用,其中最成功的应用当属美国 NASA 开发的火星探测器"勇气号"和"机遇号"。

ORB-SLAM 方法成功的原因之一是它集合并继承了许多优秀工作,在此基础上进行了进一步的开发,比如整体架构来源于 PTAM,回环检测任务中用到的词袋模型等。总结来说,ORB-SLAM 系统有以下几个创新点。一是将整体流程分成处理速度不同的三个线程:跟踪、建图以及回环检测线程。三个线程相互配合既保证了系统的速度,又提供了较高的精度。二是在三个线程中都使用的是 ORB 特征,这使得系统整体有较高的效率和准确性。三是提出了新颖稳定的地图初始化方法,在全自动初始化功能和长时间地图构建方面有了较大优化。四是基于 DBOW2 中的词袋技术进行了回环检测和重定位,提高系统的准确性和鲁棒性。下面将针对这些创新点,对 ORB-SLAM 系统进行详细介绍。首先,从系统框架、关键数据结构以及回环检测方法等方面对系统进行整体回顾。其次,根据图片处理顺序,按照地图初始化、跟踪、建图、回环检测的顺序对每一部分进行展开,介绍其中包含的原理、基本方法及实验效果。

3.4.1　系统整体回顾

系统包含三个并行且分工明确的跟踪、建图和回环检测线程,如图 3.3 所示。跟踪线程负责在每帧中对相机进行定位、确定何时插入新的关键帧、对于跟踪丢失进行重定位;局部建图线程处理新的关键帧并执行局部束调整(Bundle Adjustment),根据匹配关系通过三角测量创建新的地图点,删除冗余关键帧和旧地图点,以实现相机姿势周围环境的重建;回环检测线程对每个新关键帧进行回环检测及优化,降低累积漂移并保证全局一致性。跟踪线程会新建关键帧并传递给局部建图线程。如果在局部建图线程不处于空闲时插入了关键帧,则会发送一个信号以停止局部束调整,以便它可以尽快处理新的关键帧。

如图 3.3 所示,三个线程之间主要通过关键帧(KeyFrames)和地图点(MapPoints)传递信息。每一个地图点中存储的是该点在世界坐标系中的 3D 位姿、观察方向(即将该点与观察该点的关键帧光学中心相连的光线平均单位向量)、代表性的 ORB 描述符以及可以观察到该点的最大和最小距离。每一个关键帧包含相机姿态、相机固有特性(包括焦距和主点)以及框架中提取的所有 ORB 要素。

此外,还需要重点维护的结构是共视图(Covisibility Graph)和生成树(Spanning Tree),这是保证系统长时间稳定运行、节省内存的关键。关键帧之间的共视信息表示为无

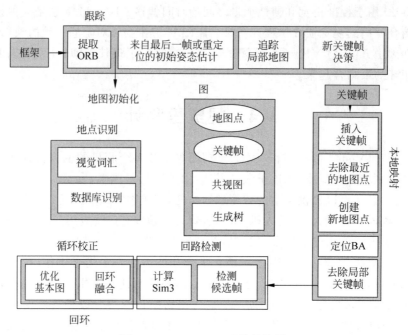

图 3.3　ORB-SLAM 系统架构图

向加权图,每个节点都是一个关键帧,如果两个关键帧之间共享部分地图点(至少 15 个)的观测值,则存在两个关键帧之间的一条边,即边缘的权重为公共地图点数。如图 3.4(b)所示,共视图中包含所有边,使得连接非常密集。为了更有效地进行用于回环检测的位姿优化,ORB-SLAM 系统维护了一个基本图(Essential Graph),保留所有节点(关键帧),但保留较少的边缘,同时仍保留可产生准确结果的强大网络。系统从初始关键帧开始逐步构建生成树,该生成树是具有最小边数共视图的连接子图,如图 3.4(c)所示。在生成和淘汰关键帧时,会更新关键帧之间的连接。在闭环优化实验过程中,束调整存在收敛问题,即使经过100 次迭代,误差仍然很高。实验结果表明,基本图优化实现了快速收敛并取得了更准确的结果,说明减少边缘的数量可以大大减少时间。

3.4.2　地图初始化

　　因为单目相机不能获取深度信息,所以单目 SLAM 需要通过初始化确定空间尺度并且得到一个初始地图。单目 SLAM 的初始化,需要手持摄像头平移一小段距离。在这个过程中,算法一直在跟踪每一帧的特征点。如果跟踪得好的话,就可以得到两个关键帧。通过计算两个帧之间的相对姿态,以对一组初始的地图点进行三角测量。束调整优化之后就可以得到初始化的地图,然后进入跟踪状态。

　　ORB-SLAM 系统并行计算两个几何模型,一个单应矩阵(Homography Matrix)模型假设平面场景,一个基础矩阵(Fundamental Matrix)模型假设非平面场景。然后,使用启发式方法选择模型,并尝试使用针对所选模型的特定方法来恢复相对姿势。地图初始化的步骤是,首先提取当前帧中的 ORB 特征,并在参考帧中搜索匹配项;其次,在并行线程中分别计算单应和基础矩阵模型。在每次迭代过程中,为每个单应矩阵模型和基础矩阵模型分别计

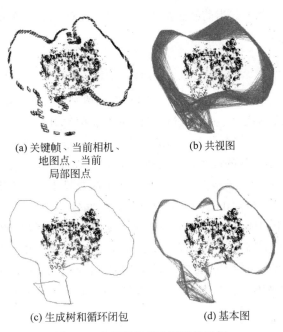

(a) 关键帧、当前相机、
地图点、当前
局部图点

(b) 共视图

(c) 生成树和循环闭包

(d) 基本图

图 3.4 共视图和基本图结构示例

算分数。如果场景是平面的、接近平面的或视差较低可以用单应性表达,具有足够视差的非平面场景用基础矩阵来表达。

3.4.3 跟踪

跟踪线程会对从相机获得的每一帧图像提取 FAST 角点。算法针对不同分辨率的图像,将采取不同的提取策略,比如对于从 512×384px 到 752×480px 的图像分辨率适合提取 1000 个角,对于更高的分辨率 1241×376px 适于提取 2000 个角。如果某些单元格不包含角点(无纹理或低对比度),则调整每个单元格保留的角点数量。然后在保留的 FAST 角上计算方向和 ORB 描述符。

跟踪线程根据跟踪状态获取相机位姿。如果跟踪成功,将使用恒速运动模型来预测相机的姿态,并对在最后一帧中观察到的地图点进行指导搜索;如果当前运动不满足恒速运动模型,将在最后一帧中围绕地图点的位置进行更广泛的搜索。如果跟踪失败,则通过使用词袋模型,为当前帧在已有数据库中查找获取关键帧,计算与每个关键帧中的地图点关联的 ORB 的对应关系。然后,该方法对每个关键帧执行替代性的 RANSAC 迭代,并尝试找到相机姿势。如果找到具有足够内点支持的相机姿态,则会优化该姿态并在候选关键帧的映射点上进行更多匹配的指导搜索。一旦该方法估计了摄像机的姿势并获得了一组初始的特征匹配,就可以将地图投影到框架中并搜索更多的地图点对应关系。最后,使用框架中找到的所有地图点来优化相机姿态。

跟踪的最后一步是确定是否将当前帧作为新的关键帧。跟踪的原则是提高对于具有挑战性的摄像机运动(通常是旋转)的鲁棒性,因此会尽快插入关键帧。但是为了确保良好的重定位、跟踪效果,需要满足以下 4 个条件才能插入新的关键帧:①自上次全局重新定位以来,必须已经传递了二十多个帧;②局部建图线程处于空闲状态,或者从上一次插入关键帧起已经传递了二十多个帧;③当前帧至少跟踪 50 个点;④前一个关键帧的特征点在此帧里已经有 90% 观测不到。

3.4.4 局部建图

首先,对于每个新生成的关键帧,在共视图和生成树中添加相应节点并连接边。然后,对局部地图中的地图点进行管理,一方面进行严格的筛选策略,比如至少从三个关键帧中可观察的地图点才能被保留;另一方面进行可靠的生成策略,通过从共视图中的已连接关键帧中三角测量 ORB 特征点来创建新的地图点。此外,局部建图线程也会根据条件对冗余的关键帧进行删除,比如 90% 的地图点在至少其他三个相同或更高数量中可以看到的关键帧。局部建图对于地图点和关键帧的严格操作,为 ORB-SLAM 长时间鲁棒稳定运行提供了保证。否则,关键帧的数量可能会无限制地增长,而集束调整的复杂度会随着关键帧的数量而增加。最后,在局部建图线程中的局部束调整,会优化当前处理的关键帧、共视图中与其连接的所有关键帧以及这些关键帧看到的所有映射点。其他看到这些地图点但与当前处理帧未连接的所有关键帧都包含在优化中,但保持不变。在优化的中间和结束时,将标记为异常的观察值丢弃。

3.4.5 回环检测

回环检测线程对局部建图线程处理的最后一个关键帧进行回环检测和回环优化。在回环检测和重定位模块,ORB-SLAM 主要基于 DBoW2 项目。在 DBoW2 项目中,主要使用了词袋技术。词袋模型(见图 3.5)原本是在信息检索技术中,用于对文本进行特征建模的方法。在计算机视觉中,视觉单词是描述符空间的离散化,可以从大量图像中提取的 ORB 描述符离线创建词汇表。如果图像足够通用,则可以将相同的词汇表用于不同的环境以获得良好的性能。该系统以增量方式构建一个数据库,该数据库包含一个反向索引,该索引为词汇表中的每个视觉词汇存储了已看到的关键帧,因此可以非常有效地查询数据库获取共视关键帧。在删除或者新建关键帧时,也会更新数据库。由于关键帧之间存在视觉重叠,因此在查询数据库时,将不存在评分较高的唯一关键帧。该系统不仅考虑在时间上接近的图像,还包括在同一位置但在不同时间插入的关键帧,最后返回所有得分高于最佳得分 75% 的关键帧匹配项。

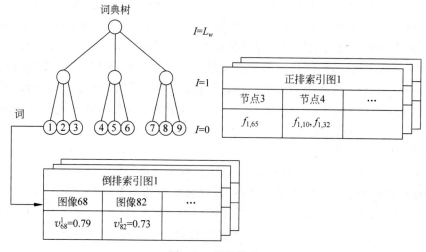

图 3.5 词袋模型

首先,需要根据词袋模型在共视图中计算相似度,获取回环候选帧。必须连续检测三个一致的回环候选(共视图中连接的关键帧)才能认定存在回环。如果有多个地方相似,则可以有多个回环候选。在进行回环检测后,该方法需要计算从当前关键帧到回环关键帧的相似性变换。这是因为在单眼 SLAM 中,除了三个平移和三个旋转这六个自由度之外,还存在一个比例因子。计算相似变换的第一步是计算与当前关键帧中的映射点关联的 ORB 与回环候选关键帧之间的对应关系。可以对每个候选对象执行 RANSAC 迭代,尝试使用 Horn 的方法找到相似性变换。回环检测最关键的一步是根据相似变换将重复的地图点融合在一起,对共视图进行更新。首先,使用相似度变换对当前关键帧姿态进行校正,并将此校正传播到最后关键帧的所有邻居,并连接变换,以使回环的两头对齐。回环关键帧及其邻居看到的所有地图点都投影到最后关键帧中,并且在投影周围的狭窄区域中搜索其邻居和匹配项。匹配所有相关地图点,并融合那些在计算相似度时不合理的点。融合中涉及的所有关键帧都将在共视图中更新其边缘,从而有效地创建连接回环闭合的边缘。图 3.6 显示了闭环之前和之后的重构。以红色显示局部映射,该局部映射在回环闭合之后沿闭合处的两侧延伸。

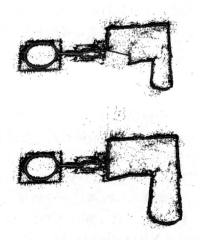

图 3.6　回环检测效果

3.5　视觉惯性里程计

惯性测量单元(Inertial Measurement Unit,IMU)是一种电子设备,可以结合使用加速度计、陀螺仪,有时还包括磁力计,可以测量速度、方向和重力。IMU 通常被合并到惯性导航系统中,该系统利用原始 IMU 测量值来计算相对于全局参考系的姿态、角速度、线速度和位姿。

视觉惯性里程计(Visual-Inertial Odometry,VIO)利用视觉和惯性两种传感器实现智能设备的三维空间轨迹跟踪。这种融合充分利用了两种类型的传感器在不同方面的优势互补。两种类型传感器信号的融合主要基于 IMU 预积分技术。传感信号的融合在 VIO 项目中主要体现在初始化、基于窗口融合、重定位以及优化过程中。视觉传感器在大多数纹理丰富的场景中效果很好,但是如果遇到玻璃、白墙等特征较少的场景,基本上无法工作;快速运动时定位跟踪容易丢失；单目视觉无法测量尺度。但是由于视觉不产生漂移,可以直接测量旋转平移。相反,IMU 有输出频率高、能输出 6DoF 测量信息等优点,在短时间内,其相对位移数据有很高的精度；但由于零偏和噪声的存在,导致其长时间使用有非常大的累积误差。VIO 方法获得广泛应用的另外一个主要原因是以手持智能设备为主的增强现实平台普遍都会搭载这两款传感器。

视觉和 IMU 融合可以分为基于滤波和基于优化两种方法。按照是否把图像特征信息加入状态向量来进行分类,可以分为松耦合和紧耦合两大类。

松耦合将视觉传感器和 IMU 分别计算得到的位姿直接进行融合,融合过程对二者本身不产生影响,作为后处理方式输出,一般通过 EKF 进行融合。

紧耦合将视觉传感器和 IMU 的状态通过一个优化滤波器合并在一起,紧耦合需要把图像特征加入到特征向量中,共同构建运动方程和观测方程,然后进行状态估计,最终得到位姿信息的过程,其融合过程本身会影响视觉和 IMU 中的参数(如 IMU 的零偏和视觉的尺度)。比较典型的是基于优化思路的 VINS-Mono。在后续章节中,也将以这个方法为代表,重点介绍 VIO 方法。

总体来说,视觉惯性里程表是一个研究的热点和难点,本节仅简要介绍。读者若对其中涉及的具体流程感兴趣,可以参考发表的论文或者其他资料。

3.5.1 单目 VIO 初始化

单眼紧密耦合的视觉惯性里程表是一个高度非线性的系统。由于无法从单眼相机直接观察到尺度,因此很难在没有良好初始值的情况下直接融合这两个测量。同时,IMU 传感器必然存在偏置值,在后续步骤中还需要获得精确的重力加速度和速度等信息。因此,需要在紧耦合系统处理之前计算出这些量。初始化的目的就是计算出绝对尺度、陀螺仪偏置、加速度偏置、重力加速度和每个 IMU 时刻的速度。VIO 采用一种松耦合的传感器融合方法来获取初始值。纯视觉 SLAM 方法具有良好的初始化属性,如前所述,可以通过从相对运动方法中得出的初始值来进行初始化。然后,通过将 IMU 预积分与仅视觉的初始化信息对齐。如图 3.7 所示为非线性单目 VIO 的初始化对齐过程。

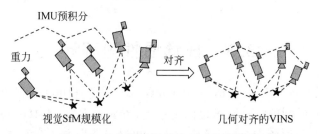

图 3.7 初始化阶段 VIO 对齐过程说明

相机的旋转位姿可以通过两种方式求得,一种是陀螺仪测量值,一种就是视觉观测值。按照正常的理解两者的大小一定是相等的(假设没有误差),但实际情况肯定有误差。陀螺仪的误差有两部分：测量噪声和陀螺仪偏置。噪声暂时可以忽略,而视觉的误差就只有观测噪声,因此两者差值的绝对值就是陀螺仪偏置,将整个滑动窗口的所有的旋转做差构成了一个最小化误差模型,便可初始化旋转值。

3.5.2　紧耦合重定位模块

为了消除漂移,研究人员提出了与单眼 VIO 无缝集成的紧密耦合的重新定位模块。与 ORBSLAM 相同,重新定位过程从一个识别已经访问过的回环检测模块开始,然后在回环闭合候选者和当前帧之间建立连接,从而以最小的计算开销实现了无漂移状态估计。图 3.8 图示了重新定位和姿势图优化过程。图 3.8(a)显示了重新定位过程,它从只有 VIO 的姿势估计开始,过去的状态用另一种颜色记录。姿态图优化如图 3.8(b)所示。

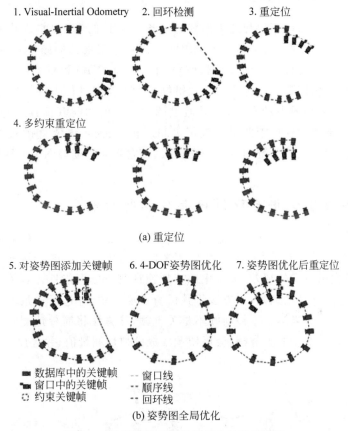

图 3.8　重新定位和姿势图优化过程示意图

VIO 与 ORBSLAM 一样利用 DBoW2 进行回环检测。当检测到回路时,通过检索特征对应关系在本地滑动窗口和闭合候选之间建立连接。但是,仅依靠简要描述符匹配找到的对应关系可能会导致大量异常值。因此,使用两种方法将几何离群值剔除。一方面,使用对当前图像和回环闭合候选图像中检索到的特征的 2D 观察来执行基础矩阵测试。另一方面,基于局部滑动窗口中特征的已知 3D 位姿以及闭环候选图像中的 2D 观察进行 PnP 算法,并从候选对象中选择合适的回环关键帧,执行重新定位。

如果检测到最新关键帧的回环,如第二幅图所示,则会发生重新定位。请注意,由于使用了特征级别对应关系进行重新定位,因此该方法能够合并来自多个过去关键帧的回环闭合约束,如最后三个图所示。当关键帧从滑动窗口边缘化时,会将关键帧添加到姿势图中。如果在此关键帧和任何其他过去的关键帧之间存在回环,则回环闭合约束(公式化为 4-

DOF 相对刚体变换)也将添加到姿势图中。使用单独线程中的所有相对姿势约束优化姿势图,并且重新定位模块始终相对于最新姿势图配置运行。

重新定位将单眼 VIO 保持的当前滑动窗口与过去的姿态图对齐。在重新定位期间,VIO 将所有闭环帧的位姿都视为常量。该方法使用所有 IMU 测量值,局部视觉测量值以及从闭环中检索到的特征对应关系共同优化滑动窗口。视觉测量的模型与前面相同,唯一的区别是从姿势图或直接从过去的里程表获取的闭环框架的姿势被视为不变。

3.5.3　全局位姿图优化

重新定位后,局部滑动窗口与过去的姿势对齐。利用重新定位的结果,结合姿态图优化以确保位姿的全局一致性。由于惯性测量单元可以完全观察到侧倾角和俯仰角,因此累积的漂移仅发生在四个自由度(x,y,z 和偏航角)中。为此,VIO 忽略了估计无漂移侧倾和俯仰状态,仅执行四自由度姿态图优化。当关键帧从滑动窗口进行边缘化时,它将添加到姿势图。该关键帧用作姿势图中的顶点,并且通过两种类型的边与其他顶点连接,一种是顺序边,顺序边表示局部滑动窗口中两个关键帧之间的相对转换,该值直接从 VIO 获取;另一种闭环边,如果新边缘化的关键帧具有回路连接,则它将通过姿势图中的回路闭合边与回路闭合帧连接。

3.5.4　如何在手机平台取得优异的实时性能

为了限制基于优化的 VIO 的计算复杂性,引入了边缘化。VIO 系统从滑动窗口中选择性地边缘化 IMU 状态和特征,同时将与边缘化状态相对应的度量转换为先验。目的是为特征三角测量提供足够的视差,最大化保持加速计测量的可能性。具体过程如图 3.9 所示,如果第二个最新帧是关键帧,该方法将其保留在窗口中,并边缘化最旧的帧及其相应的视觉和惯性测量值。如果第二个最新帧不是关键帧,该方法将简单地删除该帧及其所有相应的视觉度量。但是对于非关键帧,会保留预集成的惯性测量值,并且预积分过程将继续进行到下一帧。

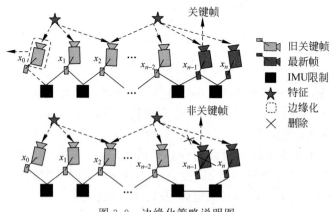

图 3.9　边缘化策略说明图

对于计算能力较低的设备(例如手机),由于非线性优化的计算量很大,因此紧密耦合的单目视觉里程计无法实现摄像机速率的输出。为此,可以采用轻量级的仅考虑运动视觉惯性束调整策略,以将状态估计提升至摄像机速率(30 Hz)。

在视觉惯性里程计中,这个束调整策略的成本函数与单目视觉里程计的成本函数相同。但是该方法没有优化滑动窗口中的所有状态,而是仅优化了一定数量的最新 IMU 状态的姿态和速度。图 3.10 显示了所建议策略的示意图。与完全紧密耦合的单眼 VIO 形成对比的是,在先进的嵌入式计算机上,VIO 可能会产生 50 ms 以上的时间消耗,而这个束调整策略的计算仅需 5 ms。这样可以实现低延迟相机速率的姿势估计,对于无人机和增强现实应用特别有用。

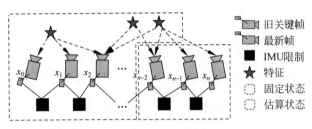

图 3.10　仅考虑运动视觉惯性束优化示意图

与视觉测量相比,IMU 测量的速率要高得多。尽管 VIO 方法的频率受到图像捕获频率的限制,但该方法仍可以使用最新的 IMU 测量值直接传播最新的 VIO 估计值,以最大程度地利用 IMU 高频性能。此外,当行进距离增加时,姿势图的大小可能会无限增长,从而限制系统的实时性能。为此,VIO 实施了下采样过程以将姿势图数据库保持在有限的大小。将保留所有具有回环闭合约束的关键帧,而其他过于接近或与相邻对象的方向非常相似的关键帧则可以删除。

3.6　辅助定位技术

3.6.1　全局位置跟踪和导航

这部分将主要介绍可以实现全局位置跟踪和导航的相关技术。卫星定位是获取地球上任意一个终端位置的成熟技术。全球导航卫星系统(GNSS)指的是一个卫星群,提供来自太空的信号,这些信号将定位和定时数据传输到 GNSS 接收器。然后,接收器使用此数据来确定位置。GNSS 的例子包括欧洲的伽利略系统(GALILEO)、美国的全球定位系统(GPS)、俄罗斯的格洛纳斯系统(GLONASS)和中国的北斗导航卫星系统(BDS)。

北斗卫星导航系统是中国自主研发、独立运行的全球卫星导航系统。该系统分为三代,即北斗一代系统、北斗二代系统和北斗三号全球卫星导航系统。我国 20 世纪 80 年代决定建设北斗系统,2003 年,北斗卫星导航验证系统建成。该系统由 4 颗地球同步轨道卫星、地面控制部分和用户终端三部分组成。2020 年,北斗三号全球卫星导航系统正式开通,在全球范围内提供定位与导航服务。

RTK(Real-Time Kinematic)是一种利用 GPS 载波相位观测值进行实时动态相对定位的技术。RTK 的工作原理是基准站通过数据链将其观测值和测站坐标信息一起传送给终端。终端不仅通过数据链接收来自基准站的数据,还要采集 GPS 观测数据,并在系统内组成差分观测值进行实时处理,同时给出厘米级定位结果。此外,华为、Google 目前都有采用基于视觉的全球位姿定位技术(Visual Positioning Service,VPS)。VPS 在使用 GPS 定位时会同时采用几十个甚至几百个视觉参考点来做定位,可以更准确地获取终端实时的位姿朝向。VPS 技术的理论精度可以达到厘米级别。除了使用视觉参考点,VPS 一般还会使用惯性传感器来进一步提升精度。通过城市级的 3D 重建和视觉定位技术可以获取更精准的全球位姿定位,并可以解决室内全球位姿定位的难题。

已构建的全球网络大多数依靠陆地和海底光纤电缆进行数据传输;建设这些光缆需要耗费大量的人力物力,也只能服务在光缆沿线的用户。美国公司 Starlink 通过将小型卫星网络置入低地球轨道,建立一个由 12 000 颗卫星组成的卫星网,其中大约三分之二的运行轨道在 500km 以上,剩下的则为 1200km。该网络可以连接到地球上的任何地方,比目前的卫星服务快 40 倍。Starlink 卫星互联网服务的延迟为 20ms,目标价格约为每月 80 美元(约合人民币 566 元),可以为地球上的大部分用户提供便捷的网络服务。

3.6.2 局部位置跟踪与导航

局部位置跟踪与导航技术有很多的实现方案,本节简单介绍以下四种主流技术,包括超宽带、Wi-Fi、射频和蓝牙。

超宽带(Ultra-Wide Bandwidth,UWB)是一种无线电技术,可以在很大一部分无线电频谱上使用非常低的能量水平进行短距离、高带宽通信。最近的应用目标是传感器数据收集,精确定位和跟踪应用。它的优点是功耗低,精度高。定位精度可以在 30cm 内。苹果手机 iPhone 11 就集成了 UWB 技术。这个精度非常适合在室内场景下做绝对位置的定位,再结合视觉-惯导技术进行实时跟踪,则可以进一步提升精度。这为室内场景的增强现实应用提供了理想的定位方案。

Wi-Fi 是基于 IEEE 802.11 系列标准的无线网络技术家族,通常用于设备的局域网和 Internet 访问。一个接入点(或热点)在室内的射程通常约为 20m。热点覆盖范围可以小到一个单独的房间,它的墙壁可以挡住无线电波,也可以使用多个重叠的接入点在它们之间允许漫游的情况下,将其覆盖到最大的平方千米。主流算法通常利用信号从热点到终端的传输时间、信号衰减模型估算出移动设备距离各个热点的距离。再同时计算终端到超过三个热点之间距离,形成三角形结构,确定终端的三维位置。

射频识别(RFID)使用电磁场来自动识别和跟踪附着在物体上的标签。RFID 标签由一个微小的无线电应答器构成。当 RFID 标签被附近的 RFID 读取器设备发出的电磁询问脉冲触发时,会将识别库存编号的数字数据发送回读取器。无源标签由 RFID 阅读器询问无线电波的能量供电,范围在 10m 内。有源标签由电池供电,因此可以在更大范围(可达数百米)内从 RFID 读取器读取。与条形码不同,该标签不需要位于阅读器的视线范围内,因此可以将其嵌入被跟踪的对象中。一个常见的使用场景就是在商场里的重要商品,通常会有一个 RFID 标签,用于防止物品盗窃。在定位的应用场景下,利用 RFID 技术去探测接收器与三个发射器之间的距离,同样形成一个三角形结构,进而确定该接收器在空间内的三维位置。

蓝牙也是在 AR 里面常用的辅助定位技术之一。现在的智能手机普遍搭载基于蓝牙 4.0 的低功耗蓝牙技术(Bluetooth Low Energy, BLE),可以检测到由固定位置的信号发射器发出的蓝牙信号,通过软件和硬件的结合,从而大大提高室内精度,甚至达到 1m 以内的定位精度。由苹果公司推出的室内定位技术 iBeacon,就可以让附近的手持电子设备检测到 50~80m 的发射器信号。

小　结

　　本章首先介绍 SLAM 领域的主流方法,然后重点介绍基于移动终端的典型算法,最后介绍一些辅助定位技术。

习　题

　　1. 假设要实现一个室外景区的增强现实应用,可能需要哪些定位技术? 为什么?

　　2. 假设要实现一个室内博物馆的增强现实应用,可能需要哪些定位技术? 为什么?

　　3. 基于激光、RGB、RGBD、惯性等不同传感器的 SLAM 方法,各自的优缺点分别是什么?

　　4. SLAM 问题和图像感知是否有联系的地方?

　　5. SLAM 问题中的回环检测主要是解决什么问题?

　　6. 在视觉惯性里程计的方法中,视觉传感器和惯性传感器是如何相互补充的?

第4章　环境感知技术

4.1　环境感知技术简介

增强现实需要对周围环境进行准确理解,其中依靠的最重要的传感器就是摄像机。基于摄像机采集的图像进行分析和理解是计算机视觉的主要任务。计算机视觉的常见任务包括图像分类、目标定位、目标检测、图像分割等。

物体识别包括两个问题,一是图像分类,二是目标定位。图像分类任务是指从图像中提取特征并依据特征来为图像中的目标进行分类。图像分类的结果就是把图像中的某个区域划分为某一个类别的事物。目标定位任务是在识别出图像中的对象类别后进一步确定该对象在图像中的位置的任务,位置会被一个矩形的包围盒选出来。因此目标定位的结果不仅包括对象的类别信息,还有位置信息。目标检测相对目标定位而言,更适用于多目标的场景,其检测结果为场景内多个目标的类别和位置信息。

图像分割是将图像细分为多个具有相似性质且不相交的区域,是对图像中的每一个像素加标签的过程,即像素级的分割。图像分割任务主要有语义分割和实例分割两种。语义分割是为图像中的每个像素都赋予一个统一的类别标签,比如在一张有多辆汽车的图像上,语义分割的结果可以为图像中所有属于汽车的像素点标识同一色彩,但汽车个体之间是无差别的,也就是说语义分割只识别类别而不判别个体,而实例分割可以实现对同一类别不同个体间的判别。

手势识别是指通过算法来识别人类的手势。在增强现实的硬件中,常用的一种交互方式就是让用户通过手势识别实现与设备的交互。手势识别的核心技术包括手势分割、手势分析以及手势识别。手势分割用于将手势信息从场景信息中分离出来。手势分析的结果是手的形状特征或运动轨迹。根据获取的形状特征和运动轨迹可以分析手势所表达的意思。手势识别是对手势分析获得的模型数据进行类别划分的过程。

人体动作姿态识别是计算机视觉研究领域中最具挑战的研究方向之一,也是当前的研究热点。对人体动作姿态进行自动识别,将带来一种全新的人机交互方式,通过身体语言即人体的姿态和动作来传达用户的意思。在增强现实的场景下,和手势一样,准确识别动作姿态能够作为一种新的人机交互方式,具有广泛的应用前景。

视觉显著性检测指通过智能算法模拟人的视觉特点,提取图像中的显著区域(即人类感兴趣的区域)。人类视觉系统在面对自然场景时具有快速搜索和定位感兴趣目标的能力,这种视觉注意机制是人们日常生活中处理视觉信息的重要机制。随着互联网带来的大数据量的传播,如何从海量的图像和视频数据中快速地获取重要信息,已经成为计算机视觉领域一个关键的问题。对于增强现实而言,也需要利用视觉显著性检测技术从真实世界里高效提取有用信息,增强我们理解的能力。

4.2 物体识别

4.2.1 物体识别简介

物体识别是计算机视觉中的一项基础任务。在物体识别中,既需要考虑分类问题,也需要解决定位问题,目标是实现对图像中可变数量的对象的分类和定位。这里的"可变"指不同的图像中,可识别的对象数量可能不同。定位的结果是目标对象的边界框,如图 4.1 所示。物体识别的方法可以分为两大类:一类是基于模型的方法,另一类是基于上下文识别的方法。

图 4.1　物体识别结果

4.2.2 物体识别步骤

物体识别一般要经过以下几个步骤。

1. 图像预处理

图像预处理是对图像数据进行简化的过程,在这个过程中会消除无关信息,以便于对有效信息进行提取。良好的预处理也有助于特征抽取、图像识别、定位、分割等任务的效果提升。常规操作一般有数字化、几何变换、归一化等。受采集图像的设备和应用场景的影响,需要采取不同的预处理运算来处理图像,这几乎是所有计算机视觉算法都需要的。预处理通常包括五种运算:编码、阈值或滤波运算、模式改善、正规化以及离散模式运算。

2. 特征提取

特征提取是指通过计算机提取图像信息,并确定每个图像的点所属的图像特征。常用的图像特征包括颜色、纹理、形状以及空间关系特征等。特征提取的结果是把图像上的点分为不同的集合,集合在图像上可以表现为孤立的点、连续的曲线或区域。不同形式的特征的计算复杂性和可重复性也大不相同。特征的好坏很大程度上影响着泛化性能。

3. 特征选择

进行特征提取后,可能得到许多特征,这时候需要从原始的众多特征中选取出最有效特征组合以减低数据集维度,从而达到提高学习算法性能的目的。任何能够在选出来的部分特征上正常工作的模型在原特征上也都是可以正常工作的,反过来,特征选择是有可能导致一些有用的特征丢失的,但相比于节省下的巨大计算开销,有时候这样的特征丢失是值得的。

4. 建模

在物体识别中,每一类物体都是有相同点的,在给定特征集合后,从中提取相同点,分辨不同点是模型要解决的关键问题。因此可以说模型是整个识别系统的成败所在。模型主要建模的对象是特征与特征之间的空间结构关系;模型的选择主要有两个标准,一是模型的假设是否适用于我们的问题,二是根据模型所需要的计算复杂度,选择可以承受的方案。

5. 匹配

在得到模型之后,就可以用该模型对新的图像进行识别了,在识别出图像中对象的类别的同时,尽可能给出边界。

6. 定位

在识别出对象类别之后,需要对目标进行定位。部分模型本身就具有定位的能力(如描述生成模型、基于部分的模型),因为特征的空间分布就是模型处理的对象。

4.2.3 物体识别方法

目标检测的常用框架有两种,第一种是 two-stage 方法,它将兴趣区域检测和分类分开进行,代表工作有 Fast RCNN,Faster RCNN;另一种是 one-stage 方法,它只用一个网络同时进行兴趣区域检测和分类,代表工作有 YOLO、SSD。

1. Faster RCNN

Ross B. Girshick 在 2016 年提出了新的 Faster RCNN(见图 4.2),该算法在 ILSVRV 和 COCO 竞赛中获得多项第一。Faster RCNN 的卓越成果可以说是逐渐积累的结果。从 RCNN 到 Fast-RCNN,再到 Faster-RCNN,乃至现在的 Mask-RCNN,当然 Mask-RCNN 在实例分割领域已经取得了卓越的成果,暂时不予讨论。

Faster RCNN 分为四个部分。首先是卷积层,卷积层包含 conv、pooling 以及 relu 三种层,负责提取特征图,特征图被共享用于后续 RPN 层和全连接层;然后是区域候选层(Region Proposal Networks,RPN),RPN 用于生成区域候选框,RPN 相对于传统的生成候选框的方式耗时很少,并且可以轻易地结合到 Fast RCNN 中,可以说 Faster RCNN 就是 RPN 与 Fast RCNN 结合的产物;第三部分是 RoI Pooling,该层综合之前的特征图和候选框信息,提取出候选框特征,用于后续的全连接层进行类别的判定;最后进行分类,根据选框特征判定类别,并进行边界框回归以获取最终的准确边界框。

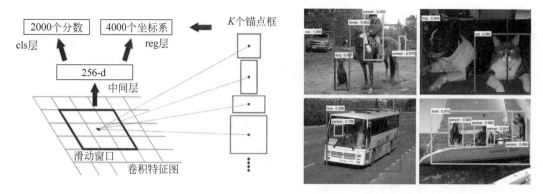

图 4.2 Faster RCNN 结构图

2. SSD

这是一种使用单个深度神经网络进行目标检测的方法。SSD(见图 4.3)将边界框的输出空间离散化为一组默认框,并且采用了不同尺寸和比例的默认框。在预测的时候,网络对默认框中的对象判定类别并打分,同时对框进行调整以更好地适配对象形状。此外,该网络结合了来自不同分辨率的多个特征图的预测以自然地处理各种尺寸的对象。

相对于其他需要候选框的方法而言,SSD 更简单,因为 SSD 中完全消除了候选框生成和后续像素和特征的重采样阶段,并将所有计算封装在单个网络之中。所以 SSD 更容易训练,也更容易被集成到系统中。在 PASCAL VOC、MS COCO 以及 ILSVRC 数据集上的实验结果证明,SSD 具有与使用候选框的方法可比的准确性,但是速度更快,而且 SSD 为训练和推理提供了一个统一的框架。与其他 one-stage 方法相比,SSD 有着更高的精度。

数据集在我们的研究中具有非常重要的作用。模型需要好的数据集才能实现好的结果,下面列举了几个在图像识别中常用的图像数据集。

(1) ImageNet:是一个用于图像识别技术研究的大型图像数据库。目前,ImageNet 中总共有超过 1400 万个图像及其对应的标注,包含类别超过 2 万个。

(2) MNIST:是一个大型的手写数字数据集。包含一个 60 000 张 28×28 的二值图像构成的训练集和一个包含 10 000 张 28×28 的二值图像的测试集,每张图像中取 0~9 中的一个数字居中显示。MNIST 是最受欢迎的深度学习数据集之一。

(3) PASCAL VOC:主要用于图像分类、对象检测和图像分割等任务。共包含 20 个类别,并分为人、动物、交通工具以及室内家具用品四个大类。在 VOC2007 中共有 9963 张图像。

(4) COCO:主要是为了解决目标检测、目标之间的上下文以及目标在二维上的精确定位。相比于 ImageNet,COCO 数据集只有 91 类,但是每一类的实例要更多,这有利于更好地学习每个实例中的场景位置信息。

(5) CIFAR-10/CIFAR-100:CIFAR-10 由 60 000 张 32×32 的彩色图像组成,其中包含 50 000 张训练图像和 10 000 张测试图像,平均分为 10 个类别。CIFAR-100 与 CIFAR-10 类似,但是包含更多的类,分为 20 个大类,100 个小类,每一个类别中有 600 张图像,其中有 500 张训练图像和 100 张测试图像。

环境感知技术

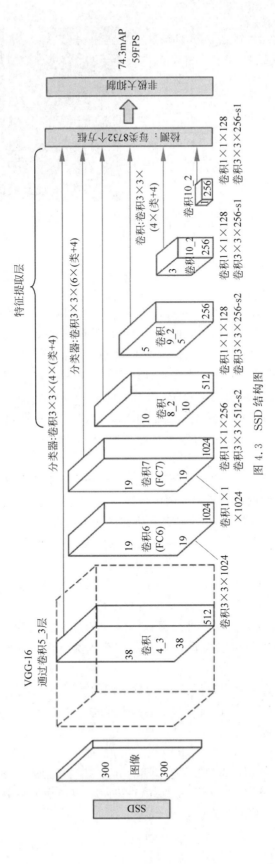

图 4.3　SSD 结构图

4.3 物体分割

4.3.1 物体分割简介

物体分割是把图像分成若干个特定的、具有独特性质的区域并提出感兴趣目标的技术和过程,如图 4.4 所示。物体分割实现的是像素级的分割,结果会为每一个像素赋予分类标签。可以分为语义分割和实例分割。其中,语义分割是为图像中的每个像素赋予一个统一的类别标签,比如在一张有多辆汽车的图像中,语义分割的结果可以为图像中所有属于汽车的像素点标识同一色彩,但汽车个体之间是无差别的,也就是说,语义分割只识别类别而不判别个体。而实例分割实现的是对同一类别不同个体间的判别。

图 4.4　物体分割结果示意图

4.3.2 物体分割技术分类

典型的图像分割技术大概可划分为基于图论的方法、基于像素聚类的方法以及基于语义的方法。近年来,基于深度学习的方法取得了较好的效果,典型代表 MASK RCNN 将会在后续详细介绍。

1. 基于图论的分割方法

基于图论的分割方法充分利用图论的理论和方法,它将图像映射为带权无向图,把像素视作节点,这样一来,图像分割就被转换成了图的顶点划分问题。图像映射成带权无向图之后,每个像素点就是图的节点,相邻像素之间存在着边。每条边有自己的权重,该权重可以表示相邻节点在颜色、灰度或纹理等特征上的相似度。然后可以利用最小剪切准则来得到图像的最佳分割。分割后的每个区域内部依据权重的类型都具有在某一特征方面的最大相似。代表性方法有 NormalizedCut、GraphCut 和 GrabCut 等。

2. 基于像素聚类的方法

通过机器学习中的聚类方法也可以进行物体分割,其步骤为:①初始化一个较为粗糙的聚类;②将在颜色、亮度、纹理等方面具有相似特征的像素点通过迭代的方式聚类到一个超像素,直至收敛,最终得到的就是分割的结果。基于像素聚类的典型方法有 K-Means、Meanshift、谱聚类、SLIC 等。

3. 基于语义的方法

当物体的结构较为复杂,内部差异比较大的时候,基于聚类的方法仅利用像素点的颜色、亮度、纹理等较低层次的内容信息是无法产生好的分割效果的。因此,需要结合图像高层次的内容来帮助分割,这种方式称为语义分割。它有效地解决了传统图像分割方法中语义信息缺失的问题。

4.3.3 典型方法

Mask RCNN 可以实现高效准确的实例分割。Mask RCNN 以 Faster RCNN 原型,增加了一个分支用于分割任务。它更像是 FCN 和 Faster RCNN 的集成。Faster RCNN 会提取出图像中每一个对象的边界框,而 FCN 可以生成一类对象的掩膜,当 FCN 的对象只有一个的时候,那么就可以生成每一个对象的独立的掩膜了。

图 4.5 展示了 Mask RCNN 的系统框架。可以看出 Mask RCNN 的构建较为简单,只是在感兴趣区域对齐层(Region of Interest Align,ROIAlign)之后添加卷积层,进行掩模预测的任务。其中,Mask RCNN 一个非常重要的改进就是感兴趣区域对齐层。在之前 Faster RCNN 中存在的一个显著问题是:特征图与原始图像是不对准的,进而会影响检测的精度。所以 Mask RCNN 提出了使用感兴趣区域对齐层的方法来取代感兴趣区域池化层。感兴趣区域对齐层可以保留大致的空间位置,最终使得检测精度大为提高。

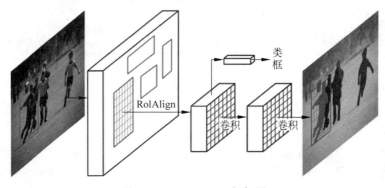

图 4.5 Mask RCNN 框架图

4.4 手 势 识 别

4.4.1 手势识别简介

手势识别是指通过算法来识别人类的手势。用户可以通过手势识别实现与设备的交互。手势识别的核心技术包括手势分割、手势分析以及手势识别。

1. 手势分割

手势分割用于将手势信息从场景信息中分离出来。因为在采集手势信息的时候必然也会收集到场景信息。手势分割的效果直接影响着手势分析以及手势识别的结果。传统的手势分割方法主要有基于轮廓的分割、基于运动的分割以及基于肤色的分割。

（1）基于轮廓的手势分割利用手的拓扑结构特征对手进行分割。

（2）基于运动的手势分割主要通过当前帧与前一帧图像的差分运算来检测手势。

（3）基于肤色的手势分割利用手部肤色和背景在肤色模型上的差异来实现手的分割，受复杂环境光源的影响较大。

2. 手势分析

手势分析的结果是手的形状特征或运动轨迹。根据获取的形状特征和运动轨迹可以分析手势所表达的意思。手势分析的常用方法有：边缘轮廓提取法、多特征结合法以及指关节式跟踪法等。

（1）边缘轮廓提取法利用手型独特的外形与其他物体进行区分，是手势分析常用的方法之一。

（2）多特征结合法结合手的多种物理特征来对手势进行分析。

（3）指关节式跟踪法通过对手部进行建模，并对关节点进行跟踪以记录位置变化，主要用于动态轨迹跟踪。

3. 手势识别

手势识别是对手势分析获得的模型数据进行类别划分的过程，分为静态手势识别和动态手势识别。常见的手势识别方法有：模板匹配法、隐马尔可夫模型法和深度学习方法。

（1）模板匹配法。将手势的变化分解成多个手势图像组成的序列，然后将该序列与已有的手势模板序列进行比较，从中找出匹配的手势。

（2）隐马尔可夫模型法。一种统计模型，用隐马尔可夫建模的系统具有双重随机过程，其包括状态转移和观察值输出的随机过程。其中，状态转移的随机过程是隐性的，其通过观察序列的随机过程所表现。

（3）深度学习方法。采用主流的深度神经网络，包括全连接、卷积、长短时记忆等类型，构建手势分类的网络模型，利用采集的手势数据进行训练和预测。

4.4.2 手势识别技术分类

手势识别技术由简单到复杂可以分为三个类别，依次为：二维手型识别、二维手势识别、三维手势识别。

（1）二维手型识别，又称静态二维手势识别，它的识别结果是手所处的状态，而不是手所进行的动作，如摊开的手掌、握紧的拳头等（见图4.6），识别结果都是一些简单的手势动作。二维手型识别通过计算机视觉技术对图像进行分析，然后和已有的图像进行比对，从而找出匹配的手势。因此，二维手型识别技术只能识别预设的手势，拓展性差，控制感弱，只能实现一些简单的手势交互。

（2）二维手势识别，又称动态二维手势识别，相比于二维手型识别引入了动态特征，它不仅可以识别简单的手型，还可以识别出一些简单的手势动作，如挥手、松握等。二维手势

环境感知技术

识别技术将手势识别真正拓展到了二维平面,但依旧不含深度信息。该技术需要先进的计算机视觉算法的支持,在硬件上相比于二维手型识别没有明显提升。二维手势识别对动态特征的引入允许用户进行更加多样的人机交互,大大提高了用户体验。

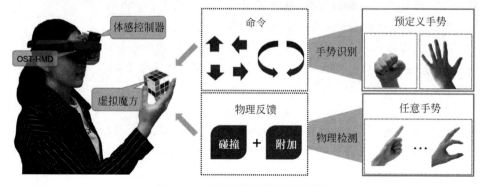

图 4.6　二维手型识别和手势识别

（3）三维手势识别增加了深度信息,可以识别各种手型、手势和动作。而深度信息的获取需要特别的硬件帮助。当前主流的硬件实现方式有以下三种。

① 结构光:结构光的系统组件主要包括投射器和摄像头,由一个激光投射器透过光栅照射物体表面,激光在通过光栅时发生折射,在物体表面的落点发生偏移,然后由摄像头采集。最终根据光的变化来计算深度和位置信息,进而复原三维空间。

② 光飞时间:光飞时间其实就是计算光子飞行的时间。首先由发光元件向物体发射光子,光子被反射回来后由 CMOS 传感器接收,然后计算光子的飞行时间,进而计算出距离,即为物体的距离,也就获得了物体的深度信息。这种方法最简单,并且不需要计算机视觉算法的辅助。

③ 多角度成像:多角度成像通过比对由两个或两个以上的摄像头同时获取的图像间的差异,使用算法来计算深度信息,从而多角度三维成像。

4.4.3　典型方法

因为主流增强现实系统中普遍配置有至少一个 RGB 摄像头。根据单张图像的三维手势和姿态估计是增强现实系统智能交互的一个重要途径。图 4.7 展示的工作,就是从单张RGB 图像中估计出完整的 3D 手部形状和姿态。对单张 RGB 图像进行手部三维分析的现有主流方法主要是通过估计手部关键点的三维位置,但是这种方式是无法充分表达手部的三维形状的。因此,Pantelerisd 等提出了一种基于 GCN 的方法来重建一个包含更丰富的手部三维形状和位姿信息的手部表面的三维网格。为了进行全监督的网络训练,该项工作还创建了一个包含真实的三维网格和三维手势姿态信息的大规模合成数据集。由于合成数据集所训练的模型难以适应真实世界,该方法还可以利用深度图来进行弱监督学习来对网络进行微调。通过在多个数据集上的评估表明该方法可以生成准确的三维手部网格并可以实现高精度的手势识别。

空中手互动在 AR 系统中很常见。由于头戴式增强现实显示器的交互跟踪区域有限,

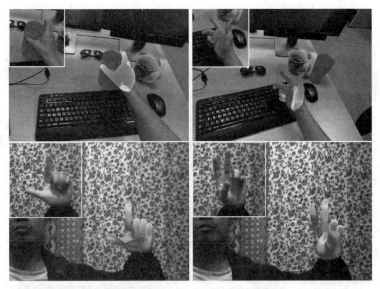

图 4.7　从单张 RGB 图像中估计出完整的三维手部形状和姿态

因此在交互过程中,尤其是在动态任务中,用户很容易将手移动到此跟踪区域之外。最近一项研究探索了用于边界意识的视觉技术。这项工作首先确定了在没有任何边界意识信息的情况下用户在交互过程中面临的挑战。从发现中提出了四种边界提示方法(见图 4.8(a)～图 4.8(d)),并在没有边界提示的情况下(见图 4.8(e))作为基线条件对其进行了评估。结果显示,提供边界提示的方法有助于空中动态互动。

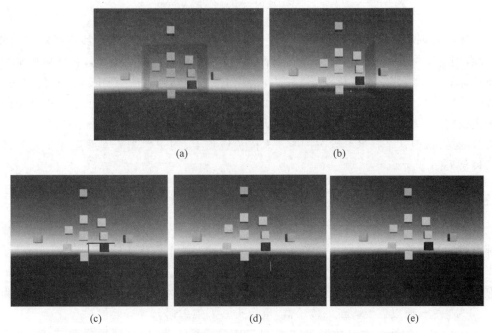

图 4.8　不同类型的边界提示方法在空中手势交互中的作用

第4章

环境感知技术

4.5 人体姿态识别

4.5.1 人体姿态识别简介

姿态识别是确定某一三维目标物体的方位指向的问题,其在机器人视觉、动作跟踪和单照相机定标等很多领域都有应用。人体姿态识别可以通俗地理解为对人体关键点的定位问题,这一直以来都是计算机视觉领域的重要关注点(见图 4.9)。这一问题有着一些常见的挑战,比如各式各样的关节姿态、小得难以看见的关节点、被遮挡的关节点、需要根据上下文判断的关节点。

图 4.9　人体姿态识别结果示意图

人体姿态识别可以用于检测一个人是否摔倒,或者用于健身、体育和舞蹈等的自动教学,或者用于安保领域的行为监控。一个很好的应用就是抖音的尬舞机。在增强现实领域,姿态估计的一个很好的可视化例子是 iPhone X 上的 3D 动画表情 Animoji。它使用面部识别传感器来检测用户面部表情变化,同时用麦克风记录用户的声音,并最终生成可爱的 3D 动画表情符号,用户可以通过 iMessage 与朋友分享表情符号。虽然在 Animoji 中只是跟踪了人脸的结构,但这个技术可以被扩展到人体关键点上,用于生成渲染增强现实元素,使其能够模仿人的运动。

人体骨架是以图形的形式对一个人的方位所进行的描述。本质上,骨架是一组坐标点,可以连接起来以描述该人的位姿。骨架中的每一个坐标点称为一个“部分”(或关节、关键点)。两个部分之间的有效连接称为一个“对”(或肢体)。注意,不是所有部分之间的两两连接都能组成有效肢体,比如肩膀关键点和膝盖的关键点就不应该连接在一起。

在数据处理阶段,3D 比 2D 复杂很多。2D 人体姿态识别在数据集和模型方面都比 3D 成熟,2D 模型也有很多户外、自然界的数据集,但是 3D 的数据集几乎都是室内的。因为 3D 标注、识别复杂,所以需要大量的传感器、摄像头去采集数据。

二维的姿态估计的主流数据集包括:MPII 单人数据集,LSP 数据集和 FLIC 数据集。通过对比这三个数据集的 PCK(Percentage of Correct Keypoints,关键点正确估计的比例)值来评价模型好坏。评价指标为 PCK,计算检测的关键点与其对应的真实值间的归一化距离小于设定阈值的比例，FLIC 中是以躯干直径作为归一化参考，MPII 中是以头部长度作为归一化参考。

三维的数据集主要包括 Human3.6M 数据集和 CMU Panoptic 数据集。Human3.6M 数据集有 360 万个 3D 人体姿势和相应的图像，共有 11 个实验者（6 男 5 女，一般选取 1，5，6，7，8 作为训练，9，11 作为测试），共有 17 个动作场景，如讨论、吃饭、运动、问候等动作。该数据由 4 个数字摄像机、1 个时间传感器、10 个运动摄像机捕获。CMU Panoptic 数据集由 CMU 大学制作，由 480 个 VGA 摄像头、30 多个 HD 摄像头和 10 个 Kinect 传感器采集。

4.5.2 典型方法

根据图像中的人的数量，姿态识别可以分为单人姿态识别和多人姿态识别。无论哪一类姿态识别，其核心思路都是以下两种。

自顶向下的方法：首先使用一个人体检测器，再进一步识别每一个被检测出的人体的关节，进而估计出每个人的姿态。

自底向上的方法：首先检测出图像中所有的关节，然后将检测出的关节进行连接，最终识别出每个人的关节。OpenPose 采用自底向上的方式，首先检测出图像中所有人的关节，然后将检出的关节划分到相应的人并连接。图 4.10 展示了 OpenPose 模型的架构。OpenPose 首先使用 VGG-19 进行图像特征的提取。然后将提取出的特征传递给两个平行的卷积层，上面的卷积层用来预测人体的关节，得到 18 个关节置信图；下面的卷积层预测关节之间的连接程度，产出一个包含 38 个关节仿射场的集合。如此循环多次进行优化，得出最终的关节置信图和关节仿射场。使用关节置信图，可以在每个关节对之间形成二分图。通过关节仿射场，二分图里较弱的连接将被删除，最终便可以得出每个人的姿态识别结果。

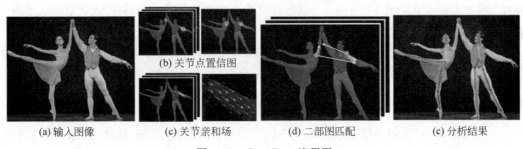

(a) 输入图像   (b) 关节点置信图   (c) 关节亲和场   (d) 二部图匹配   (c) 分析结果

图 4.10　OpenPose 流程图

AlphaPose（见图 4.11）是一种比较流行的自顶向下姿态识别方式。目标即使在第一步中检测不准确的区域框内也能检测出正确的姿态。

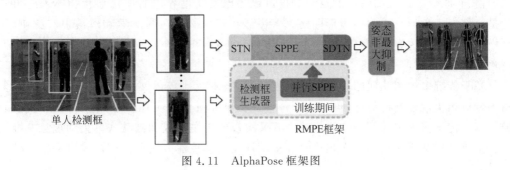

单人检测框   检测框生成器   并行SPPE   训练期间   RMPE框架   STN   SPPE   SDTN   姿态非最大抑制

图 4.11　AlphaPose 框架图

在之前的姿态识别方法中,出现的主要问题为位置识别错误和识别冗余。单人姿态估计(SPPE)对于区域框错误是非常敏感的,即使使用 IoU>0.5 的边界框认为是正确的,检测到的人体姿态依然可能是错误的。识别冗余是指多个边界框选中同一个人,结果为一个人生成了多副骨架。

为了解决该问题,AlphaPose 提出了区域多人姿态检测(RMPE)框架,以提升 SPPE-based 性能。在 SPPE 结构上添加 SSTN,能够在不精准的区域框中提取到高质量的人体区域。并行的 SPPE 分支可优化自身网络。使用参数化姿态非最大抑制来解决冗余检测问题,在该结构中,使用了自创的姿态距离度量方案比较姿态之间的相似度。用数据驱动的方法优化姿态距离参数。最后使用 PGPG 来强化训练数据,通过学习输出结果中不同姿态的描述信息,来模仿人体区域框的生成过程,进一步产生一个更大的训练集。

4.6　三　维　重　建

4.6.1　三维重建简介

三维重建是指对三维物体建立适合计算机表示和处理的数学模型,是在计算机环境下对其进行处理、操作和分析其性质的基础,也是在计算机中建立表达客观世界的虚拟现实的关键技术。对于增强现实应用来说,三维重建是核心技术,因为真实世界是三维空间。为了实现增强现实的即时交互,实时三维重建是必然趋势。重建后的三维真实世界将有助于和环境进行更自然、直接、有效的交互。

在计算机内生成物体三维表示的方法主要有两种。第一种是通过建模软件来生成,并且可以实现对三维模型的人为控制,代表性的软件有 3d Max、Maya、AutoCAD、UG 等;第二种是通过三维重建的方式生成三维表示,三维重建是指利用各种计算机技术和数学知识从二维投影恢复出物体三维信息的过程,通常包括数据获取、预处理、点云拼接和特征分析等步骤。

三维重建的步骤包括:图像获取、摄像机标定、特征提取、立体匹配、三维重建。常见的三维重建模型表达方式有:深度图、点云、体素、网格等。

4.6.2　三维重建技术分类

在三维重建中,常规的模型表达方式有以下四种:深度图、点云、体素、网格。深度图一般是利用深度摄像机采集的图像,其每个像素值代表的是物体到相机 XY 平面的距离,单位为 mm。体素是三维空间中的一个有大小的点,一个小方块,相当于三维空间中的像素。

点云一般是用激光扫描仪采集的数据。每个点包括三维坐标(X,Y,Z)、颜色、分类值、强度值、时间等。通过高精度的点云数据可以还原真实世界中的任意形状物体。三角网格就是全部由三角形组成的多边形网格。多边形和三角网格在图形学和建模中广泛使用,用来模拟复杂物体的表面,如建筑、车辆、人体,当然还有茶壶等。任意多边形网格都能转换成三角网格。

基于传统多视图几何的三维重建发展较早,技术也比较成熟。其基本原理是通过多视角图像对相机位姿进行估计,再进行图像特征比对并拼接以实现二维图像到三维模型的转换。基于传统多视图几何的三维重建方式又可以分为主动式和被动式。主动视觉三维重建方法主要包括结构光法和激光扫描法。被动视觉三维重建方法只使用摄像机采集三维场景得到其投影的二维图像,根据图像的纹理分布等信息恢复深度信息,进而实现三维重建。

双目视觉和多目视觉理论上可精确恢复深度信息,但实际中,受拍摄条件的影响,精度无法得到保证。单目视觉只使用单一摄像机作为采集设备,具有低成本、易部署等优点,但其存在固有的问题:单张图像可能对应无数真实物理世界场景,故使用单目视觉方法从图像中估计深度进而实现三维重建的难度较大。

在消费级深度相机出现之前,想要采用普通相机实现实时稠密三维重建比较困难。微软于 2010 年发布了 Kinect 之后,基于深度相机的稠密三维重建掀起了研究热潮。早期比较有代表性的工作是 2011 年微软提出的单目稠密重建算法 DTAM、KinectFusion,算是该领域的开山之作。KinectFusion 算法首次实现了基于廉价消费类相机的实时刚体重建,在当时是非常有影响力的工作,它极大地推动了实时稠密三维重建的商业化进程。

深度学习技术应用于三维重建,输入可以是 RGB 或 RGBD 等图像。由于该类方法多为监督学习方式,对数据集的依赖程度很高。但随着深度学习技术的快速发展,越来越多的研究者开始探索基于深度学习的三维重建。

4.6.3 典型方法

室内场景是增强现实的一个重要应用环境。室内场景的语义重构包括场景理解和对象重构。之前的工作集中于解决这个问题的一部分,或者将重心集中在独立的对象上。最新的一个工作弥补了场景理解和重建之间的差距,提出了一种从单张图像重建房间布局、对象边界框和网格的端到端的解决方案(见图 4.12)。该方法不是单独地解决场景理解和对象构建,而是在一个整体上下文之上,提出了一个由粗到细的层次结构,该结构主要包含三个组件,分别是:①房间布局与相机位姿;②三维对象边界框;③对象网格。准确理解每个组件的上下文可以帮助解析其他组件,从而实现联合场景理解和构建。

图 4.12　基于单张图片的三维场景重构

主流智能手机上的单目 RGB 摄像机是标准配置。前述章节中详细介绍过如何利用单目摄像机进行运动跟踪和定位,但是如何生成真实环境的三维模型也是一个关键问题。如图 4.13 所示,在最近的一项工作中,研究人员就在主流智能手机(示例手机为小米 8)中实现了实时的三维重建。这种稠密的三维网格表达方式将对实现高真实感的增强现实应用有关键的作用,比如在真实环境中嵌入虚拟素材,实现逼真的遮挡效果。

图 4.13　基于智能手机单目 RGB 摄像头的实时三维重建

对场景进行扫描后离线处理,建立准确的三维地图是一种方法。但是如果要建立完整的三维场景,是一个费时费力的过程。如图 4.14 中,研究人员利用智能机器人,结合物体形状等先验知识,快速、自动地重建室内三维场景,大大地降低了人工操作的成本,也提高了三维扫描的效率。通过这种方法建立的三维地图,可以让增强现实技术应用在更广泛的场景下。

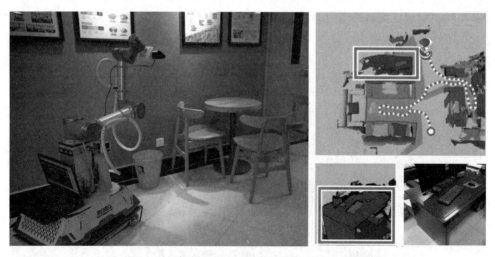

图 4.14　利用智能机器人进行室内场景的自动三维扫描

4.7　显著性分析

4.7.1　显著性分析简介

视觉显著性检测(Visual Saliency Detection)指通过智能算法模拟人的视觉特点,提取图像中的显著区域(即人类感兴趣的区域)。结果如图 4.15 所示。人类视觉系统在面对自然场景时具有快速搜索和定位感兴趣目标的能力,这种视觉注意机制是人们日常生活中处理视觉信息的重要机制。随着互联网带来的大数据量的传播,如何从海量的图像和视频数据中快速地获取重要信息,已经成为计算机视觉领域的一个关键问题。

图 4.15   显著性检测结果示意图

视觉显著性检测模型是通过计算机视觉算法去预测图像或视频中的哪些信息更受到视觉注意的过程。通过在计算机视觉任务中引入视觉显著性,可以为视觉信息处理任务带来一系列重大的帮助和改善。引入视觉显著性的优势主要表现在两个方面,第一,它可将有限的计算资源分配给图像视频中更重要的信息;第二,引入视觉显著性的结果更符合人的视觉认知需求。视觉显著性检测在目标识别、图像视频压缩、图像检索、图像重定向等中有着重要的应用价值。

视觉显著性包括从下向上和从上向下两种机制。

(1)从下向上基于数据驱动的注意机制:依赖于局部特征描述(如颜色、亮度、边缘或者其他方面的图像特征)。这种方式需要计算局部特征与周围平均特征的差异。特征差异较大就意味着这部分相对比较显著。

(2)从上向下基于任务驱动的目标的注意机制:依赖于高层的认知信息(如对象类型),并依据认知信息来找到显著性区域。

4.7.2   典型方法

预测人类在 360°图像上的视觉注意力对于理解用户行为至关重要。最近发表于 *IEEE VR 2020* 的一项工作提出了一个局部全局分叉的深度网络,用于在 360°图像上进行显著性预测(SalBiNet360)。在全局深度子网中,利用多个多尺度上下文模块和一个多级解码器来集成功能。在本地深层子网中,仅使用一个多尺度上下文模块和单级解码器来减少本地显著性图的冗余。最后,融合的显著性是通过全局和局部显著性的线性组合生成的。实验证明了该框架的有效性,结果如图 4.16 所示。

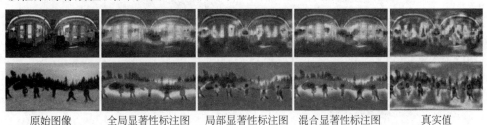

原始图像   全局显著性标注图   局部显著性标注图   混合显著性标注图   真实值

图 4.16   在虚拟现实场景下的视觉显著性感知结果

小　　结

图像输入对于增强现实系统的重要性，不亚于眼睛对于人类。现有的计算机视觉方法虽然已经取得了长足进展，在一些特定任务上，如人脸识别等，已经在速度和准确性上超过了普通人类。但在上述的一些功能上，相比人类长期进化的神经系统，计算机视觉的方法还尚显稚嫩。在主流的增强现实平台上，一些功能已经集成了，包括物体识别、手势识别、三维重建等。但不少功能仍有局限性，如姿态识别可能存在人数限制。此外，上述功能普遍是计算量大的、基于显卡的深度学习方法。虽然近年来移动端的深度学习框架愈发普遍，但是功耗与计算量的平衡一直都是移动端设备开发者时刻谨记的。计算量的制约可以通过搭建客户/服务器架构解决：将图像上传到服务器，利用自研算法获取相关结果，再反馈给客户端。

习　　题

1. 根据本章中物体识别、分割等相关的开源代码项目，尝试自己运行演示程序，并向别人展示结果。

2. 根据上述物体识别、分割等功能，思考增强现实应用如何能够结合该功能，实现特定目标。

3. 除了上述功能，是否还有一些关键的环境信息尚未充分挖掘，而对于增强现实应用的成功体验又至关重要？

4. 尝试可以在移动端平台运行的物体识别、分割等功能，对比在移动端平台和计算机端的性能指标，是否有显著差异？ 如果有，可以通过什么方式来解决这个问题？

5. 在以深度学习为主流技术路线的情况下，上述功能的实现都依赖于大规模的数据集。深入调研某一个数据集的结构框架，阐述如何构建一个面向深度学习算法的数据集。

第 5 章　　多模态输入技术

5.1　多模态输入概述

为了和用户进行高效互动,增强现实系统的输入与人的多模态感官系统紧密耦合。目前增强现实主流的专业设备有微软的 HoloLens、Magic Leap One、Google Glass 等。这些设备普遍可以支持手势、语音交互操作。在手持终端的手机平板上,摄像机、麦克风、触摸屏成为基本输入,而体感(包括眼神)信号也日渐成为包括专业设备和手持终端上的标配功能。事实上,单一模态的输入无法满足复杂多变的真实场景需求。根据场景和任务,允许用户选择合适的模态,甚至智能组合多种模态是高效、准确地理解真实世界和用户意图的不二选择。

5.2　键 盘 输 入

打字是一项与人体工程学息息相关的任务,是现代人生活中不可或缺的一部分。人们通常花费大量时间在键盘打字上,对键盘输入方式的研究也日益增多。键盘的位置是影响用户打字舒适度的重要因素。增强现实逐步走入人们的生活或者工作场所。在这样的情况下,有若干解决方案可以允许用户继续使用键盘作为输入工具。

- 利用一些外设(如智能手表、小型的蓝牙键盘等)替代键盘。这并不是最佳方式,因为对外设的依赖会降低增强现实应用的独立性。
- 基于手持终端(手机和平台)的应用一般可以调用屏幕上的虚拟键盘。这是对开发者最简单,对用户也是最容易接受的方式。
- 基于头戴式增强现实硬件的应用,若要实现全键盘的输入方式,则需要探索新的技术。最理想的方式是,系统能将键盘投影到用户视野中,并通过体感交互的方式允许用户快捷地输入文字。

针对最后一个情况,实际上有很大难度和不少尚未解决的技术难点。在头戴式显示器中,来自真实世界的布局干扰、颜色混合和投影位置等问题都将影响用户使用该虚拟键盘的适用性。深度顺序、对象分割和场景失真都容易导致用户难以通过透明的头戴显示器查看内容。这些问题会影响虚拟键盘按键的可读性和可见性。因此,用户需要改变原有的平面输入方式,开发者需要发明更好的输入方式来适应增强现实的硬件平台,能够方便用户输入文字。

增强现实输入方法相比原始的方法确实存在一些问题,具体区别如图 5.1 所示。其中,

图 5.1(a)所示为手和显示器在标准的位置进行文本输入；图 5.1(b)所示为使用 AR 设备时，用控制器进行文本输入；图 5.1(c)所示为使用 AR 设备时，使用手部光学追踪进行文本输入。

双手舒适姿势　　　　　控制器的操作范围　　用户视野范围　　前置相机的跟踪范围
(a)　　　　　　　　　　　　(b)　　　　　　　　　　　　(c)

图 5.1　增强现实输入与普通键盘、手控传感器的比较

在图 5.1(a)中，用户的肘部是水平的，这个姿势使用户可以放松手部。而对于图 5.1(b)和图 5.1(c)，用户为了符合设备的输入方式，不得不将手抬起。长时间保持这样的姿势必然会使用户疲劳，尤其手握 AR 设备的控制器相比空手更加劳累。

不仅是键盘的位置会给用户带来影响，键盘的形状和尺寸也会带来重要的影响。弯曲的键盘更加符合人体工程学(见图 5.2(a))，而人们已习惯了普通的键盘(见图 5.2(b))。键盘的大小也应当合适，太小则用户无法看清按键，而太大则用户无法看清键盘全貌，不得不转动头部去看键盘的各个部分。

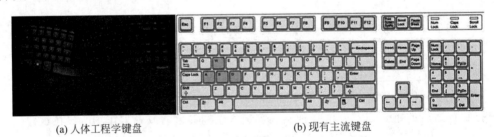

(a) 人体工程学键盘　　　　　　　　　(b) 现有主流键盘

图 5.2　不同键盘的形状

基于手持终端屏幕呈现的虚拟键盘是增强现实应用的标准输入方式。和以 Google Glass 为代表的专业设备相比，在屏幕上的虚拟键盘是主流用户都能够接受、快速上手的方式。相反，Google Glass 等专业设备则需要通过眼神、手势、控制器等方式将指针移动到目标键位上，再确认进行输入该字符，这种方式是非常缓慢的，需要花费大量的时间。与此同时，将键盘保持在视角中并且长时间利用手势、控制器容易导致疲劳，大幅降低了用户的体验。

与虚拟环境及其对象进行交互的最常见方式之一是通过手持控制器(见图 5.3(a))。该设备使用从其投射到虚拟环境的射线作为指向机制。射线的末端类似于光标。用户只需移动控制器以指向所需字母即可在虚拟键盘上打字。选择可以通过按键输入或滑动输入完成。另外一种方法是让用户仅用手与虚拟键盘进行交互(见图 5.3(b))。通过头戴式设备的前置摄像头捕获手掌和手势的位置。也就是说，用户使用手掌在空中的位置来指示光标的位置，触发虚拟键盘的文字输入。用户根据他们的手在虚拟键盘上移动光标。

部分虚拟键盘的变种，可以有效降低原有的缺陷。例如 Punchkeyboard(见图 5.4)，这

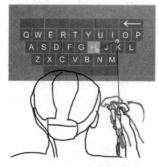

(a) 手持控制器交互　　　　(b) 手掌位置控制光标交互

图 5.3　虚拟环境中的交互方式

个项目允许用户使用两个手柄控制器,像双手正常按键一样,使用控制器的虚拟指针快速在虚拟键盘上按键,提升用户的打字体验。这个项目同时通过自动的单词补全和下一个词语预测来加速文字输入的速度。

图 5.4　Punchkeyboard 项目

　　手部跟踪键盘(见图 5.5)和实体键盘的输入方式基本一致,唯一的区别是虚拟键盘代替了实体键盘,所以用户无须任何学习就可以直接使用。这种输入方式明显地提高了打字速度,能够和基本输入方式的速度相同。但也存在一些缺陷,手部位置需要在摄像头范围内,可能会导致如前文所述的疲劳姿势。如果纯空中手势无法提供物理触觉反馈,用户则会产生一种没有反馈的失落感。

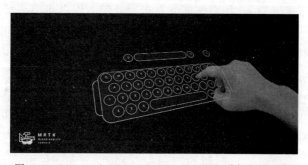

图 5.5　Microsoft Mixed Reality ToolKit 手部跟踪键盘

第5章

多模态输入技术

5.3　语 音 输 入

　　语音输入是通过计算机自动地将人类的语音转换为相应的文字的技术。随着语音识别和自然语音处理技术的发展，使得在增强现实中能够使用语音进行交互。语音是适合增强现实的一种输入方式。特别是针对头戴式设备，没有触摸屏，一般只能通过眼镜的镜腿区域内有限数量的按键进行交互。语音交互可以摆脱这个局限性，更好地解放双手。

　　现在已经有成熟的技术让人们和电子设备进行语音沟通，如科大讯飞、腾讯、阿里巴巴、华为、苹果、微软等公司，都有成熟的语音识别软件提供给开发者。微软已经在增强现实设备 HoloLens 上成功应用语音识别，国产增强现实眼镜也普遍搭载了麦克风（见图 5.6），用于收集语音输入信号。

麦克风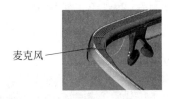

图 5.6　国产品牌 Rokid 增强现实眼镜的麦克风展示

　　人机语音交互有以下五个关键处理阶段。

　　（1）机器接收到用户语音后，首先通过语音识别将语音转换为文本，并且可保留语速、音量、停顿等语音本身的特征信息。

　　（2）机器通过自然语言理解从文本中理解用户意图。

　　（3）机器通过对话管理决策接下来的动作，并更新对话状态。

　　（4）机器通过自然语言生成将决策后的动作生成为回复给用户的文本。

　　（5）最后，机器通过语音合成将回复给用户的文本转换为语音，完成一次交互。

　　要启动语音输入，第一个步骤是要实现语音唤醒，即通过特定词语启动增强现实设备，使其进入理解人类自然语言的模式。这个看似"多余"的动作是为了允许设备在长时间不交互的情况下，能够进入休眠、低功耗状态。这个功能在主流提供语音交互的设备上均有提供。语音唤醒普遍是针对已经绑定的用户，非绑定的用户即使知晓该唤醒词也无法启动设备的语音交互功能。

　　语音输入能够方便普通人，特别是部分有运动障碍的用户使用。相比动手而言，动嘴相对轻松、自然。这是一种方便快捷地用于输入文本以及控制系统和应用程序的方法。对于文本输入，正常人说话的速度明显快于用手进行输入。对于系统控制，语音对于界面中多个按钮的选择非常快。因为原始的界面控制中，触发一个命令需要三个步骤：用眼睛寻找到目标按钮，将指针移动到对应按钮上，最后单击按钮。而用语音控制，则只需要用眼睛寻找到目标按钮后，读出按钮上的字，甚至熟练之后可以抛弃第一步，能够节省大量时间。语音控制和输入可以有效减少用户的操作时间、工作量、学习成本，符合人的原始习惯。这种方法能够有效提升用户体验。

　　但语音识别存在一定的挑战，语音识别的准确性仍需要改进，口音、方言和小众语言仍然是语音识别所遇到的困难。而且语音输入在公共场合不具有保密性，一些隐私无法通过语音输入。对于背景声嘈杂的真实环境,语音输入的准确率可能急剧下降,导致交互的失败。目前的语音识别系统进行文本输入时,通常在输入之后,需要自己手工调整部分词句,而且语音输入对于控制的细粒度无法准确表达。特别是对于缩放和移动等命令,语音输入较难实现灵活且准确的量化。语音输入则不需要键盘,由语音识别系统将用户的语音转换为文字。但由于语音识别仍存在一定的挑战,所以常常需要其他的输入方式进行辅助输入,对于识别错误的部分进行修改。

语音识别在技术上存在一定困难,需要通过程序命令设计来减少识别错误。例如,使用简洁的命令,包括选择更多的音节和更少的单词;减少发音相似的单词作为不同的命令。这些方法可以降低语音识别的难度,让用户的语音命令更容易被系统识别,提升语音识别的准确性。同时,建议避免设置一些不可悔改的命令,因为如果用户附近的人意外触发了命令,用户可以轻松撤销操作。

5.4 体感输入

相对于传统的界面交互,体感交互强调利用肢体动作等进行人与产品的交互,通过看得见、摸得着的实体交互设计帮助用户与增强现实系统进行交流。人类生来可以在不借助五感的情况下感知到自身的四肢、关节和肌肉。这个叫作本体感受。通过识别动作和姿态,可以实现依靠自己的身体来进行交互。体感交互的普及目前依赖于几种常见的设备,如捕捉手指运动的 LeapMotion、捕捉身体运动的 Kinect、捕捉肌电信号的 Myo 等。以 Kinect 为典型代表,它不需要人体佩戴设备的体感交互,使用红外摄像头采集人体运动信号,通过算法识别出人体的动作。

从技术的角度来看,体感输入有别于目前主流的按键(键盘鼠标、遥控器等)和触摸(平板、智能手机等)交互方式。在体感交互过程中,用户能根据情境和需求自然地做出相应的动作,而无须思考过多的操作细节。换言之,自然的体感交互削弱了人们对鼠标和键盘的依赖,降低了操控的复杂程度,使用户更专注于动作所表达的语义及交互的内容。在 2020 年新冠肺炎疫情严重的时候,体感交互技术的应用可以让人们不用接触未消毒的键盘或者触摸屏,允许隔空用手势与计算机进行交互,这也降低了病毒感染的可能性。

对于增强现实系统,在不依赖于外界设备的条件下,有若干方式可以实现体感输入。

(1)头戴式增强现实设备,如 Google Glass 等,普遍可以支持手势识别、头部交互等的体感功能。

(2)手持式增强现实设备,如手机、平板等,因为手需要抓握设备,并不方便用于手势交互。这个时候可以探索的是利用头部、眼神等身体部位进行输入。

另外一个思路是增加外部设备,例如上面提到的 Kinect 和 LeapMotion。研究人员提出了基于 Kinect 传感器,利用新型指环作为输入接口的体感识别 Air-Writing(见图 5.7)。设备可通过 3D 手指运动来实现复杂的空间交互,对连续写入空中的整个序列进行识别和连续识别。用户在空中书写字符,就像使用虚构的白板一样。用户可以实时编写大写、小写英文字母以及数字,并且准确率超过 92%。通过 Kinect 跟踪用户手指的运动,提取手指空间位置的变化,由系统重构出手指运动的轨迹。并且当手指到达某个 3D 位置时,用户会从指环以振动的形式接收物理反馈。

图 5.7　以新型指环作为输入方式的体感识别输入设备

　　另外一个工作探讨了在虚拟环境中使用足部压力分布进行运动类型识别。足底压力的分布由每个鞋底上三个稀疏的传感器检测。系统选择长短时记忆神经网络模型作为分类器,根据压力分布信息来识别用户的运动姿态(见图 5.8)。训练好的分类器直接获取带噪声的稀疏传感器数据,并识别为七种运动姿态(站立、向前/向后行走、奔跑、跳跃、左/右滑动),而无须手动定义用于对这些姿势进行分类的信号特征。即使存在较大的传感器变化或个体差异,该分类器也能够准确识别运动姿态。结果表明,对于使用不同鞋号的不同用户可以达到接近 80% 的精度,而对于使用相同鞋号的用户可以达到 85% 的精度。系统提出了一种新颖的方法,将姿势识别的等待时间从 2s 减少到 0.5s,并将准确性提高到 97% 以上。这种方法的高精度和快速分类能力可以进一步拓展体感交互在增强现实系统中的应用。

图 5.8　通过足部压力分布识别人体的七种运动姿态

5.5　眼神输入

　　通过眼神与增强现实系统互动,准确而言是体感输入的一种。用户通过移动目光来移动指针,再凝视或者眨眼来进行确定。在增强现实应用中,眼神作为交互模态的重要性日益凸显。实现眼神输入的前提是准确跟踪眼球的运动。眼动跟踪的基本原理是通过摄像头捕捉眼睛反射的红外光来跟踪人的视线。眼动追踪的最重要目的是改善增强现实应用用户体验。越来越多的头戴式显示器搭载了眼球跟踪设备(见图 5.9),用于捕捉用户的眼球运动。在手持设备中,前置摄像头也用来捕捉用户的眼球运动。这些改进将帮助增强现实应用的开发者在竞争中脱颖而出。

　　眼动设备能够了解用户的注意力在三维世界中的分布,带来了大量有关用户注意力的数据源。这是了解用户行为并准确、及时地为用户提供他们想要看到的内容的新前沿技术。一些获得用户同意的专业广告应用程序会跟踪用户在观看网页时的眼动,向广告客户确切显示有多少用户看过广告,注意到他们的品牌推广并消费了关键的营销信息。在可穿戴类

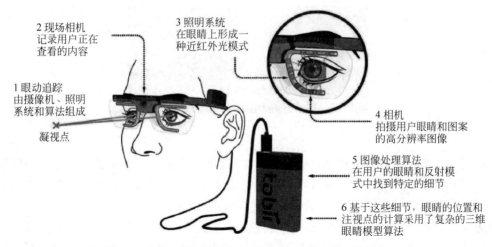

图 5.9　头戴式增强现实设备采用 Tobii 眼球跟踪的示意图

的增强现实设备中,眼动追踪技术可以跟随用户穿越真实街道,并记录用户在真实世界中的信息,特别是对于广告信息的关注程度。广告商、零售商可以相应地优化广告投放位置和商店内的物品布局。

　　增强现实设备显示效果常常和人的眼睛位置相关,由于并非每个人的眼睛都是一样的,所以为了提供最佳的图像质量,设备需要进行一些微调以补偿眼睛位置的个体差异。一方面是测量眼睛之间的距离(Inter Pupillary Distance,IPD)。IPD 在用户之间差异很大,并且是保持光学清晰度和图像质量的重要因素。使用眼动追踪传感器可以测量并自动调整 IPD,或者可以指导用户达到最佳设置。自动的 IPD 调整可以解决头戴式增强现实设备的障碍之一:无法保持精确的镜头对准。当用户的眼睛花费更少的精力聚焦到关键信息时,这也可以减轻增强现实应用操作过程中的眼睛疲劳程度。高质量的图像将允许用户更长时间地沉浸其中。

　　当前,眼动追踪的设备达到了一个全新的水平。如果计算机端应用需要实现眼动跟踪,只需要一个眼动捕捉仪。Tobii 是眼动追踪市场的行业领导者之一,在眼动追踪方面拥有数十年的经验,并且可以跨多个行业实现所有类型的应用程序。Tobii 作为"技术开发人员"和"集成商",将眼动追踪带到多个行业,甚至包括虚拟现实头盔内都可以方便集成眼动跟踪的设备。在头戴式增强现实的硬件上,受限于设备大小,可能采用单目摄像机,通过画面采集去分析人眼运动是可行的方案。在手持设备上,利用前置摄像机去跟踪人眼运动则逐渐成为主流方案之一。

　　在增强现实技术中,跟踪人眼所关注位置的一个直接受益的技术流程是注视点渲染。注视点渲染旨在依据用户关注的不同区域,采用不同级别的渲染分辨率(见图 5.10)。我们的眼睛在全分辨率下具有狭窄的视野,并且在视网膜中心的外侧出现模糊。以全分辨率渲染整个屏幕会浪费计算系统中的计算资源,因为我们的眼睛无法以全分辨率看到所有内容。注视点渲染能够实现更高分辨率的显示,但不需要设备渲染完整分辨率,可以节省大量GPU 资源。注视点渲染显示的图形更好地匹配了我们观察对象的自然方式,并带来了许多优点。注视点渲染可以在当前一代的图形处理单元(GPU)上实现 4K 显示,或者在不降低性能的前提下,允许相同的应用程序在成本较低的硬件上运行。

多模态输入技术

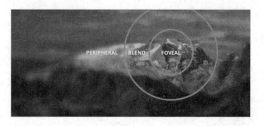

图 5.10　注视点渲染示意图

注视点渲染分为静态注视点渲染和动态注视点渲染。静态注视点渲染集中在固定的区域,无论用户的视线如何,最高分辨率都位于观看设备的视场中心。它通常跟随用户的头部移动,但是如果用户将视线移离观看设备的视场中心,则图像质量会大大降低。动态注视点渲染遵循用户使用眼动追踪的凝视,并在用户视网膜所见之处而不是在任何固定位置渲染清晰的图像。与静态注视点渲染相比,动态方式可为用户提供更好的用户体验和图像质量。由于眼动跟踪能够更好地进行动态注视点渲染,默认接下来所提到的注视点渲染是动态注视点渲染。

实现注视点渲染需要许多不同的硬件和软件紧密集成在一起。具体来说,整个图像渲染链的延迟和同步是关键。眼动追踪算法必须进行高度优化,并在足够好的处理硬件上运行。眼睛跟踪系统将凝视点信息快速传递给系统,告诉 GPU 如何正确渲染图形。此过程必须在几毫秒内发生,否则用户会注意到他们在看的地方与正确渲染的地方之间存在延迟。所有组件必须紧密集成,否则对时滞的敏感性将影响用户体验。

北京大学的研究者提出了一种眼动跟踪的模型 DGaze。这个模型基于卷积神经网络,对动态虚拟场景中的用户注视行为进行分析,用于基于头戴式显示设备中的注视点预测(见图 5.11)。DGaze 首先在自由观看条件下的 5 个动态场景中收集了 43 个用户的眼睛跟踪数据。接下来,DGaze 对数据进行统计分析,并观察到动态对象位置,头部旋转速度和显著区域与用户的注视位置相关。DGaze 结合了对象位置序列、头部速度序列和显著性特征来预测用户的凝视位置。DGaze 不仅可以用于预测实时注视位置,而且可以预测接下来的注视位置,并且可以实现比现有方法更好的性能。在实时预测方面,基于角度距离作为评估指标,DGaze 在动态场景中比以前的方法提高了 22.0%,在静态场景中则提高了 9.5%。研究者将 DGaze 应用到视线渲染和游戏中,并验证模型中每个组件的有效性。

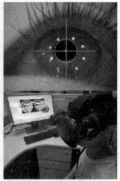

图 5.11　眼动跟踪模型 DGaze 对头戴式显示器中用户的注视点进行预测

5.6　多模态融合

增强现实通常不只有单种模态输入,往往可能有多个模态输入。多模态交互已成为增强现实的研究趋势之一。多模态融合被视为改善虚拟实体与物理实体之间交互的解决方案。因为它基于单模态,又比单模态更加准确。在单模态分析和解释中遇到的困难可以通过将它们集成到多模态系统中来克服,它不仅有利于增强可访问性,而且还带来更多便利。例如,近年来将各种手势识别和语音识别输入引入增强现实中,这在解决增强现实环境中潜在的用户交互限制方面引起了研究者们的极大兴趣。结合手势识别的交互技术为语音识别提供了单独的互补形式。一方面,语音识别的输入可以肯定手势命令,手势可以消除嘈杂环境下的语音识别错误。另一方面,与语音相辅相成的手势只有在与语音一起并可能会注视的情况下才能携带完整的交流信息。HoloLens的文本输入方法是手势+指点的混合输入方式。其他的混合方式输入,都是基于被混合的单种输入方式进行相互补充。

西安交通大学的研究者进行了一项实证研究,以结合两种输入机制(滑动输入和按键输入)研究四种输入方法(控制器、头部、手部和混合)的用户偏好和文本输入性能。图5.12展示了这四种不同的输入方法。这项研究是对这八种可能组合的首次系统研究。研究结果表明,在文本输入性能和用户体验方面,控制器优于所有其他无需设备的方法。但是,可以根据任务要求以及用户的喜好和身体状况使用无设备单击方法。

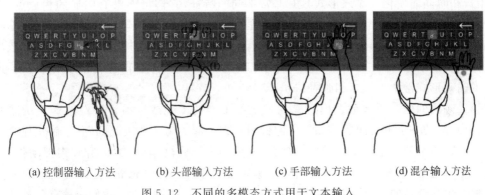

(a) 控制器输入方法　　(b) 头部输入方法　　(c) 手部输入方法　　(d) 混合输入方法

图 5.12　不同的多模态方式用于文本输入

多模态融合系统可以分为两类:特征级融合和语义级融合。特征级融合是在将各种输入形式的信号发送到它们各自的分类器之前,完成功能级别融合。特征级融合被认为是用于集成紧密耦合和同步的输入信号(如信号相互对应的手势识别和语音识别)的一种优秀策略。特征级融合的典型缺点是建模复杂、计算量大且难以训练。通常,特征级融合需要大量的训练数据集。语义级别的融合是在信号从各自的识别器中解释出来之后进行的。语义级别融合适用于集成两个或多个提供补充信息的信号,例如语音识别和手写识别。各个识别器用于独立解释输入信号。可以使用现有的单模态训练数据集来训练那些分类器。因此,输入形式的信号需要彼此具有互补信息,并且时间节点在融合两种不同的输入形式方面起着重要的作用。所识别的输入形式信号的语义表示对于多模态融合是必不可少的,并且相互消除歧义对于解决单一模态的交互错误是必要的。

多模态输入技术

研究人员探索了一种多模式交互方式,为用户提供了操作虚拟三维物体的方法(见图 5.13)。这种方式结合了眼神和手势跟踪技术,通过二者的结合在虚拟空间中对物体进行选择和操作(包括平移、旋转和缩放等)。通过眼神跟踪实现的注意力机制可能导致操作错误(例如,超过边界、错误选择邻近物体)。因此,结合手势操作,可以更准确地操作物体;而结合眼神操作,可以提升操作的效率。二者相得益彰。

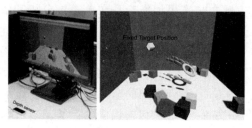

图 5.13　结合手势和眼神跟踪的多模态输入方式在虚拟场景中对物体进行操作

实现多模态交互主要有两个阶段。第一阶段中,要根据交互任务选择各种输入形式;第二阶段是融合所选择的多模态信号。

第一阶段的主要目标是定义可靠和可用的输入形式及其融合。要先确定选择哪种输入形式,如语音识别、手势识别和眼神识别。此阶段的工作是确定单模态输入形式其局限性所引起的问题,以及多模态如何改善或者解决这些问题。输入形式的含义可以根据上下文、任务、用户和时间而变化。输入形式具有非常不同的特征,它们可能没有明显的相似点,而且组合起来也不容易,其中最具挑战性的方面是时间维度。不同的输入形式可能具有不同的时间限制以及不同的信号和语义承受力。例如,手势识别之类的某些输入形式在稀疏、离散的时间点提供信息,而其他模态则生成连续但不像时间那样特定的输出,例如眼神。但这些不同的输入形式常常可以互相弥补。

第二阶段的融合通常是多模态交互系统的关键技术挑战。因为一旦选择了所需的模态,将要解决的一个重要问题是如何将它们组合在一起。为了解决此问题,了解集成模态在增强现实环境中的关系将很有帮助。例如,某些输入形式之间(例如语音和嘴部动作)比其他输入形式之间(例如语音和手势动作)更紧密地联系在一起。通常,尝试不同的输入形式进行组合也是合理的,以使用多种方法执行实际的融合。在技术上,我们应该有每种信号模态的历史记录。通过分析每个输入形式的信号,可以获得其统计特征。然后,可以使用具有提供的统计特性的多通道信号融合,通过多模态融合系统,以有效地合并两个或多个输入形式。

小　结

本章重点介绍除图像以外的其他增强现实系统的输入,包括键盘、语音、体感、眼神等方式。这些方式将配合图像,作为增强现实系统的输入方式,帮助增强现实系统更好地了解所处的真实世界,更有效地获取用户意图。第 4 章的环境感知技术可以说主要服务于对真实世界的理解,而本章所介绍的多模态输入更多是在增强现实系统与用户交互过程中所用到的方式。

习　　题

1. 简述在之前的其他应用场景下(不局限于增强现实),利用多种模态进行指令输入的体验。

2. 在虚拟现实、增强现实环境下尝试已有的键盘输入、语音输入等方式,评价用户体验,找出不足。

3. 评价各种模态在增强现实场景下的应用价值,以及不同模态组合的互补性。

4. 分析在移动(手机、平板)平台上可以采用的多模态感知技术。

5. 思考是否有现在尚未普及的交互模态,可以应用于增强现实应用的场景中。

多模态输入技术

第6章 图像反馈技术

第5章主要讨论了用户通过多种方式,包括键盘、语音、体感等,向增强现实系统输入用户指令。增强现实系统获取用户指令后,经过处理便向用户生成反馈。增强现实系统中最重要的反馈便是图像,即向用户生成一幅图像,供其观察。本章将讨论增强现实系统中的图像反馈技术。先讨论人类的视觉机制,并探讨两种不同的增强现实成像技术。最后分析在增强现实系统中的关键渲染技术。

6.1 人类视觉机制

眼睛是人类最重要的感官之一,是传递信息的门户。在日常生活中,人们通过双眼观察到的信息可以占到获取的所有外界信息的 80%。眼睛作为感觉器官能够对光起反应,传送信号至大脑,从而产生视觉。眼睛大致呈球状(见图 6.1),成人眼球的前后直径约为 23～24mm,横向直径约为 20mm。由外而内,可以划分成三层膜结构。分布在最外层的是角膜和巩膜,中间层包括脉络膜、睫状体和虹膜,最内层的是视网膜。在不同的膜结构之间充斥着眼球内容物,为了保证光线的顺利通过,内容物都是透明的。眼球内容物包括房水、晶状体、玻璃体。房水是一种清澈透明的液体,主要分布在两个区域,包括晶状体暴露的区域以及在角膜和虹膜中间的眼前房。晶状体被悬韧带悬吊,与睫状体相连。玻璃体、眼后房是比眼前房大的清澈胶状物,位置在晶状体的后面和其余的地区,包覆在巩膜、小带和晶状体的周围。它们通过瞳孔连接着。

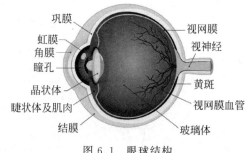

图 6.1 眼球结构

人眼的以上结构可以划分为屈光系统以及感光系统。

屈光系统包括角膜、房水、晶状体、玻璃体。屈光系统起着物理学凸透镜的折射与反射作用,从而完成屈光反应,目的是将物体清晰地成像在视网膜上。

感光系统由视网膜组成,视网膜很薄但结构非常复杂,紧贴在眼球的后壁上,可以将光信号转换为神经信号,再将神经信号传递到大脑皮质从而形成视觉。视网膜上的感光细胞包括杆细胞和锥细胞。杆细胞和锥细胞帮助人们进行外部事物的辨别,并能够产生景深。锥细胞位于黄斑部。锥细胞主要帮助人们分辨颜色以及在明亮的光线下观察环境。在锥细胞的帮助下,人眼大约可以对一千多万种不同的颜色进行区分。杆细胞分布在视网膜的周边,对弱光更为敏感。杆细胞功能反映周边视力和夜间视力。

一个简单的视觉感知过程应该是这样的:在物体表面反射的光线依次通过角膜、瞳孔、晶状体进入眼睛。角膜和晶状体将进入的光线集中然后投射到视网膜上。通过晶状体的调节可以让视线的焦点聚集在不同距离的物体上。随后通过虹膜的放缩来控制进入眼球的光线亮度。视网膜负责将不同波长、对比度和亮度的光线解析为生理信号。该生理信号再通过视神经和神经通路传递到大脑的视觉信息处理区域,最终形成视觉。

6.2 头戴式增强现实成像技术

对于头戴式增强现实显示技术,人眼的部分基本属性对于成像非常关键。

视场角(Field Of View,FOV)表示一定距离内的最大视野范围(见图6.2(a))。在增强现实设备中,表现为眼睛与显示器两侧形成的夹角。人的两眼视角会有120°的重叠,双眼重叠对于人眼构建立体和景深是非常重要的。

瞳间距(Inter-Pupillary Distance,IPD)为两眼正视前方时,双瞳间的水平距离(见图6.2(b))。瞳间距在双目视觉系统中有着重要的影响。错误的瞳距计算会影响双目图像的对齐,导致图形失真、视觉疲劳以及头晕等。

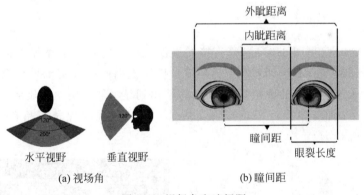

图 6.2　视场角和瞳间距

在增强现实系统中,显示技术有四种选择:光学透视头戴式设备、视频透视头戴式设备、基于空间投影的设备和移动设备。视频透视设备是最接近虚拟现实的,虚拟环境被真实场景的视频流取代,增强现实内容覆盖在图像目标上。光学透视设备使用光学组合器,这样用户可以在看到物理世界的同时看到虚拟世界。基于空间投影的设备是利用投影仪将虚拟内容直接覆盖到真实空间的物体上,从而产生投影显示。最后一个是使用智能手机和平板电脑,在非封闭视野状态下,基于屏幕将增强现实内容覆盖在视频流上。

6.2.1 光学透视

光学透视设备是把光学组合器(见图 6.3)放置在用户眼前,组合器的部分组件是透光的,可以将真实世界映入用户眼中,而另一部分是反射的,用来显示虚拟信息。眼镜内部的投影仪将虚拟信息通过光学组合器反射到用户眼中,实现了真实画面和虚拟信息的叠加。光学透视一个很明显的缺点是难以显示黑色或深色,因此阴影的渲染较为困难。

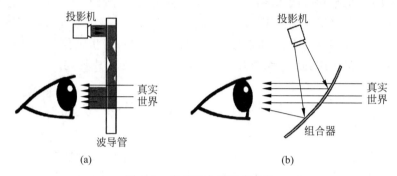

图 6.3 光学组合器工作示意

光学透视中涉及多种光学原理,其中最常见的有光波导和半反半透。目前包括 HoloLens2、Magic Leap 在内的高端增强现实头戴式显示器大多采用光波导显示技术,该技术的原理是微显示屏向光波导的一侧投射光线,通过全内反射原理,光线会在光波导内反射和传播,然后从另一边反射出来,最终反射到用户眼中。

6.2.2 视频透视

视频透视的原理(见图 6.4(a))是直接在摄像头拍摄的画面上叠加虚拟内容。用户观看的是屏幕的虚拟内容,看不到真实世界环境。摄像机摄取的真实世界图像输入到计算机中,与计算机图形系统产生的虚拟景象合成,并输出到显示器。用户从显示器上看到最终的增强场景图片。这种方案接近于虚拟现实场景。视频透视的代表产品有 Varjo XR-1 等 VR 头显(见图 6.4(b))。

(a) 视频透视 (b) Varjo XR-1

图 6.4 基于视频透视的增强现实成像技术和代表性产品 Varjo XR-1

视频透视的优点是虚拟内容与真实环境融合看起来更加自然,但是这种基于摄像头和屏幕的组合,对于光学显示方面存在着一定的不确定性,包括对比度、亮度、视场角等。由于视频透视法在头戴式显示器重量、体积等方面有比较大的局限,因此增强现实眼镜多采用光学透视的方式。

图 6.5 展示了增强现实/虚拟现实显示器类型随年份改变的占比图。随着越来越多的轻薄舒适的 VR/AR/MR 设备(如 HTC Vive Pro、HoloLens2、DAQRI 智能头盔和 Meta2)的出现,基于头戴式显示器的界面将具有巨大的潜力。此外,移动设备(智能手机和平板电脑)作为增强现实平台有很大的发展空间。

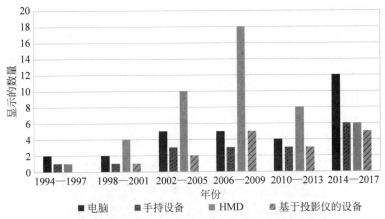

图 6.5　增强现实/虚拟现实显示器类型随年份改变的占比图

6.3　增强现实成像技术常见分类

按照影像通道数分类,增强现实系统可以分为单眼式,双眼同视式,两眼立体式(见图 6.6)。

(a) 单眼式　　(b) 双眼同视式　　(c) 两眼立体式

图 6.6　按照影像通道数分类的增强现实系统类型

(1) 单眼式。显示设备通过一个显示通道让用户在单独的视觉通道里观看。这个通道只呈现在用户的一只眼睛前面,而另外一只眼睛可以未遮挡地查看真实世界的其他内容。单眼成像被广泛地应用在生活中,其不容易受到外界因素影响,然而它并不能够为用户提供立体景深,并且会造成较低的对比度。代表产品有 Google Glass。

(2) 双眼同视式。双眼同视式设备中用户通过双眼观察单独的视觉查看通道,基于设备内折射。双眼同视同样会缺少立体感,但是适合精度更高的观察工作。手机可视为双眼同视的例子。

(3) 两眼立体式。在两眼立体式的设备中每只眼睛都能够获得单独的视野,从而形成立体视角。两眼立体式会使用户体验到景深和浸入的感觉。但也是最为复杂、计算最为密集的系统。

6.4 增强现实关键渲染技术

6.4.1 实时渲染

实时渲染在增强现实技术中是非常重要的。实时渲染就是计算机把动态数据渲染成一幅画面,为了使动画画面显示平滑,需要渲染较高帧率。因此实时渲染对计算速度要求非常高,需要用到并行计算能力很强的 GPU。这种高速的渲染主要应用在图像交互领域,如增强现实、游戏等。对应于实时渲染的是离线渲染,常用于电影行业中的特效制作,它渲染一帧的速度远远慢于实时渲染,但是能有更精美的展示效果。这种场景下画面不会因用户交互而有所改变。例如,图 6.7 中的一场直播表演中,表演者需要与虚拟人物实现实时的交互,就必须要进行实时渲染才能给观众带来流畅的观看体验。

图 6.7 舞台增强现实的实时渲染效果

6.4.2 光照一致性

光照一致性是增强现实中的另一个关键问题。不同于虚拟现实中的纯虚拟世界,增强现实是将计算机生成的虚拟对象叠加到真实世界的场景之上,从而实现的对真实世界的增强。因此,为了增强现实的真实性,某些虚拟对象的生成需要结合到真实世界的场景信息。以光照为例,在虚拟现实中的光照可以自由定义,光照效果始终是一致的。但是在增强现实中就需要保持虚拟世界的光照环境同真实世界的光照信息一致。如果不考虑光照一致性,渲染出来的虚拟物体的光照与真实世界其他物体的光照将会存在差别。由于人眼对光照是高度敏感的,这种光照差异将会导致用户沉浸感的丧失。

准确获取到真实世界的光照信息是保持光照一致性的关键。与外界环境一致的光照信息可以使增强现实更加逼真。要想实现光照一致性,需要解决许多技术问题。首先需要提取出场景精确的几何和光照模型,以及对场景中对象的光学属性描述(见图 6.8)。这样才能实现真实场景与虚拟对象的光照交互。其中,光照模型主要研究如何根据物理光学定律,通过计算机来模拟真实世界中光照的物理过程。模拟的前提是要准确获取真实世界的光照信息。目前获取光照信息的主要方法包括借助辅助标志物的方法、借助辅助拍摄设备的方法、基于图像的分析方法等。

在考虑到光照一致性之后,快速阴影也是增强现实渲染过程中的重要一部分。光和阴影在真实世界中是不可割裂的。不能抛开光单独研究阴影,失去了光我们无法观察到对象。但是在增强现实的虚拟环境中是不同的,三维场景的光影环境需要开发者按照一定的规则

| (a) 未经处理的虚拟图像 | (b) 镜面处理 | (c) 最终图像 |

图 6.8　光照一致性：虚拟素材的材质对于渲染真实感的影响

去添加以增强现实感。光和阴影可以增加场景的真实度。例如，在图 6.9 中，有阴影的虚拟素材比没有阴影的条件下呈现更高的视觉真实感。由于在增强现实中我们的视角以及虚拟物体可能处于运动的状态，需要实现对阴影的快速渲染。光可以帮助我们去发现物体，而阴影则帮助我们获取物体的位置信息，可以说没有阴影，深度感知将是一项极其困难的工作。在日常生活中我们很少刻意地去思考这些问题，因为光亮与阴影总是按照一定的规则成对存在，并且在我们的意识里这是一种很自然的现象。但是增强现实的开发者却必须认真考虑这个问题，以实现逼真的视觉效果。

图 6.9　增强现实系统中的阴影对于图像真实感的影响

6.4.3　物体相互间遮挡

　　遮挡问题是增强现实技术中最难解决的问题之一。当前大多增强现实系统只是简单地将虚拟对象叠加到真实场景上，所以虚拟对象始终处于真实场景的前方。当场景中的虚拟物体需要被真实物体遮挡时，这些简单的系统就无法满足我们的需求了。增强现实中的遮挡问题要求正确理解真实空间，并把虚拟对象合理地穿插于真实空间。如图 6.10 所示，在场景中加入了一条虚拟龙，虚拟对象的细节刻画得很好，但画面在视觉上是难以接受的。因为龙看起来是在比椅子更远的位置，但却显示在了椅子的前面，没有处理好遮挡问题。

图像反馈技术

图 6.10　没有遮挡处理的虚拟龙

Pokemon Go 在 2020 年 5 月添加了 Reality Blending(虚实融合)的功能,这个功能可以让虚拟精灵与真实场景发生重叠,产生视觉真实的遮挡效果(见图 6.11)。这个功能可以产生逼真的视觉效果。

图 6.11　Pokemon Go 实现的实物遮挡效果

在增强现实中处理遮挡问题大致可以分为三个步骤:感知、重建、渲染。首先对真实世界进行感知,然后重建现实世界的三维数字模型,最后将该模型渲染为隐藏虚拟对象的透明蒙版。在重建真实场景后将模型渲染为场景中的透明蒙版是可以很容易实现的,真正的难点在于如何准确地、实时地重建现实世界。

实现对虚拟对象的遮挡有以下两种方式。第一种是利用实时的二维深度图,在该方法中,利用深度图中各像素的深度信息,将应该位于深度图像素后面的虚拟对象部分隐藏。由于该方法利用的是深度图,不需要三维重建,所以处理上更快,但是这种方法中利用的深度传感器识别距离有限并且受深度图的影响很大。另一种方式是借鉴在第 4 章环境感知技术中提到的三维重建,从获取的传感器数据中重构三维点云模型。由于点云对真实世界的位置有准确的描述,可以利用点云模型来创建遮挡的蒙版。

6.4.4　视图管理

增强现实允许用户看到实时计算机生成的三维图像,并与它们互动,同时保留了真实世界的视图。但是有时候,我们的目标不仅是显示一些虚拟物体,而是能对虚拟或真实的物体进行注释以传达该对象的相关信息。例如,在博物馆中想要对一些物品增加虚拟铭牌、在地铁站中设置虚拟路标、为建筑物打上虚拟标签等。

通过增强现实进行注释是一种向用户提供周围世界更多信息的有效方式。相比于书本或者其他脱机数据而言,增强现实的优势在于它将信息显示在了与现实相关对象相同的位置。这种上下文式的信息通常更吸引人,也更便于用户理解。在 Adobe 峰会期间,就有人提出了一个概念应用"Dully Noted",实现增强现实情景下的实时标记(见图 6.12)。通过这款应用,可以通过手机上的增强现实功能在纸质书上进行标记,并上传到云端。这就是一种增强现实注释功能的应用。这样做不仅省去了在书本上写字的麻烦,还可以随时上传到云端与他人分享。

图 6.12　Adobe 通过增强现实对真实物体添加虚拟注释

6.4.5　场景加速

场景图(Scene Graph)是将一组物体封闭在一个简单几何体(包围球、包围盒)内,建立树状结构来进行场景内物体空间位置的有效管理(见图 6.13),从而提高各种检测的运算速度。具体实现可以参考开源的 Open Scene Graph(OSG)项目。场景图的本质结构是树状,每个节点可以是矩阵变换、状态切换或几何对象。一般地,末端节点都是具体、实际的几何对象。场景图在图像渲染、碰撞检测等任务上有重要的作用。如果大尺寸的包围球、包围盒不在渲染视图内,那么包围球、包围盒内部的所有物体都不用渲染,以提升渲染的效率。相似的原则也可以利用在物理仿真中的碰撞检测上。

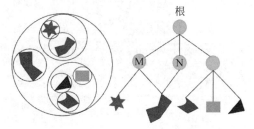

图 6.13　场景图

多层次细节处理(Level of Details)能够根据不同的相机距离,显示不同精细度的模型,达到计算量的下降和性能提升(见图6.14)。简单而言,距离相机近的物体将显示高精度的模型,距离相机远的物体将显示低精度的模型,甚至直接不显示。通过这种方式,在不影响观察者的视觉效果的情况下,可以显著提高画面渲染的速度。在 Unity3D 等三维内容创作引擎中,均提供这个重要功能。

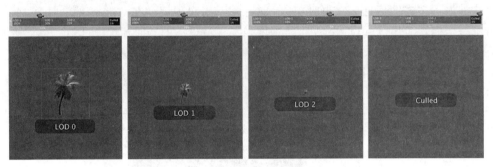

图 6.14　多层次细节处理

小　结

本章首先介绍了人的视觉机制,帮助读者了解大脑对画面的采集、成像和理解的神经回路。之后进一步介绍增强现实的主流成像技术及分类。最后讨论了在生成图像反馈的过程中所涉及的关键渲染技术。

习　题

1. 光学透视和视频透视各自的优缺点是什么?
2. 为什么瞳间距会对成像有关键性的影响? 阐明具体的影响机制。
3. 调研实时渲染的技术,分析为了实现实时渲染,一般采用的思路是什么?
4. 调研如何快速估计光照方向和强度。
5. 基于 Open Scene Graph 项目,建立一个大规模场景进行快速渲染。

第7章 | 多模态反馈技术

7.1 多模态反馈技术概述

传统的增强现实系统是基于视频和音频的方式进行输出,随着近年来智能技术和计算能力的迅猛发展,基于听觉、嗅觉、触觉、味觉等多模态融合输出是新一代增强现实优于传统增强现实的重要技术手段,也是当下增强现实的发展趋势。融合视觉、听觉、触觉、嗅觉甚至味觉的多模态反馈方式,其信息表达效率和用户沉浸感都优于单一的视觉或者听觉模式。多模态感官与单一模态感官不同,这意味着两种或更多种感觉对刺激做出反应。这种多感官联合被称为通感,通感是一种神经学现象,指一种感觉形态刺激引起另一种感觉形态,产生感官互通的现象,这种现象首次记录于由科学家高尔顿在 1880 年发表于《自然》杂志的论文中,在中国文化中也有望梅止渴、画饼充饥等经典故事。

第 6 章介绍了视觉反馈(图像),本章将依次介绍听觉、触觉、嗅觉、味觉,并最终讨论由这些模态组成的多模态反馈技术。

7.2 听 觉

音频增强现实作为增强现实的组成部分和延伸,通常指的是真实空间的声音和预置的音频实时融合技术。有研究表明,在增强现实场景下提供三维立体声效将提高用户对深度的感知能力,进而提高任务的完成效率。同样是将虚拟和真实世界融合,概念上可以类比视觉上的增强现实。需要注意的是,既然是增强现实,就不能完全隔绝外界声音,不能和真实世界相隔离。和视觉增强现实一样,需要和真实世界紧密结合的声音,就得带有地理位置,考虑和人之间的三维空间位置关系。

7.2.1 听觉机制

人的耳朵包括外耳、中耳与内耳(见图 7.1)。

(1)外耳包括耳郭和耳道。耳郭收集和过滤声音到耳道。耳道负责传导声音。

(2)中耳包括耳膜和听小骨。耳膜,也叫鼓膜,将声音转换为机械振动。三块听小骨,也叫听骨链,包括锤骨、砧骨和镫骨,将振动传递到内耳。

(3)内耳,包括耳蜗、听神经和前庭系统。耳蜗充满液体和非常敏感的毛状细胞。当受到声音刺激时,这些纤小的毛状细胞也开始运动。听神经连通耳蜗和大脑。前庭系统充满着控制人体平衡的细胞。

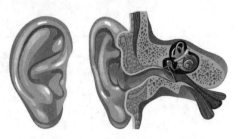

图 7.1　耳朵结构示意图

内耳外淋巴的振动引起膜蜗管中内淋巴、基底膜的振动,从而使螺旋器上的毛状细胞产生兴奋。螺旋器和其中所含的毛状细胞是真正的声音感受装置,听神经纤维就分布在毛状细胞下方的基底膜中;机械能最后在这里转变成神经冲动,即毛状细胞的兴奋引起听神经纤维产生冲动,并经听神经纤维传到皮层的听觉中枢,引起听觉。另一方面,当鼓膜振动时,由中耳鼓室内的空气振动椭圆窗也可引起基底膜振动,但这一传导途径正常情况下并不重要,只在听小骨损坏时才显示出其作用。

自然界发出的声音在真实的三维世界中传播,所以是立体声。因为立体声的效果,人可以根据两个耳朵的声音输入,判断声源的方位。例如,从人左前方的声源发出的声音,首先传到左耳,然后才传到右耳;同时,传向右耳的声音有一部分会被头部反射,因而右耳听到的声音强度比左耳小。人的大脑能够准确捕获两只耳朵对声音强度的微小差别,进而形成对声源方位的判断。

7.2.2　增强现实中的声音输出

增强现实中高真实感的音频输出依赖于立体声道。为了实现立体声,一般需要多通道的声音输出设备,不管是头戴式的,或者是安装在三维空间中的。在常见的手机、平板、增强现实眼镜中,受限于硬件设备的尺寸,一般只有单声道。所有的声音都从一个扬声器放出来,也就缺少了这种立体感。换句话说,用现有的单声道的手机想要实现高真实感的立体声是比较困难的。具体来说,一个高质量的音频增强现实系统需要三个组件:基础硬件、嵌入式软件和智能音频增强算法。

(1) 基础硬件包括传感器和麦克风阵列。例如,惯性传感单元 IMU 和其他的头部追踪设备,用于实时跟踪头部的位置和方向。如果是头戴式的设备,那么所有这些设备的装配都是在一个非常有限的空间内进行的,还要考虑到功耗低、重量轻等设计要求。

(2) 嵌入式软件的作用主要是负责和硬件之间的通信,这些指令包括收集、处理、分析数据、传输信息,特别是控制麦克风阵列的各通道声音输出。

(3) 智能音频增强算法根据增强现实中的场景和交互的需要,计算特定的立体声效果所需要的麦克风阵列的各通道声音输出,然后传输给嵌入式软件,用于驱动麦克风阵列。

为了实现立体声的感觉,要深入研究头部相关传输函数(Head Related Transfer Function, HRTF)(见图 7.2)。这个函数将人的头部看作声波传输过程中经过的一个滤波器,描述了人的生理结构(包括头、耳郭)对声波进行综合滤波的结果。为了实现增强现实中的立体感声音输出,需要对这个 HRTF 函数进行建模,才能合成在左右两耳感官正确的声波。研究表明,在增强现实场景下提供三维立体声效将提高用户对深度的感知能力,进而提高任务的完成效率。

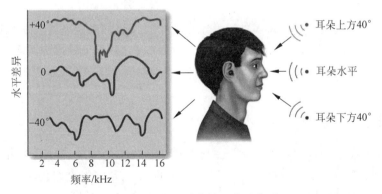

图 7.2　头部相关传输函数示意图

研究人员提出了在一个户外公园场景,参与者利用头戴式显示器进行声源寻找和自由探索两个任务。考虑三种音频渲染条件:一种简单的二维立体平移,一种典型的头部相关传输函数和一种个性化的头部相关传输函数渲染。研究表明,在产生高质量的声音渲染的条件下,用户对于视觉画面的关注程度降低了。

最近一项工作的核心思想是一种新颖的反向材料优化算法来估计房间的声学特性(见图 7.3),并证明它能够有效地模拟材料对声音的衰变行为。这个工作允许在场景中添加新声源,例如一个交流的虚拟人物,并通过分析房间内物体材料对声音的衰变,更真实地产生叠加后的声音效果。类似于用真实感光线渲染新物体的视觉再现例子,可以在任何有声音的普通视频中进行录音/制作,并应用于增强现实的体验。

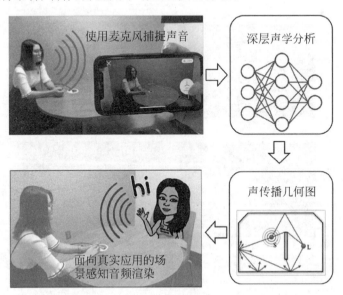

图 7.3　基于反向材料优化算法估计的房间声效渲染和分析

第7章

多模态反馈技术

7.3 触 觉

触觉是实现高真实感增强现实的重要感官之一。设想如果两个好朋友分别在北京和厦门，通过增强现实技术进行远程会面，如果需要握手，仅有视觉上的虚拟图像反馈，而缺少了握手的触觉反馈，那么这个真实感将大打折扣。本节将探讨在增强现实中实现触觉反馈的技术。

7.3.1 触觉机制

触觉是指分布于全身皮肤上的神经细胞接受来自外界的温度、湿度、疼痛、压力、振动等方面的感觉。正常情况下，生物的触觉感受器（见图 7.4）是遍布全身的，如人的皮肤，依靠表皮的游离神经末梢能感受温度、痛觉、触觉等多种感觉。正常皮肤内分布有感觉神经及运动神经，它们的神经末梢和特殊感受器广泛地分布在表皮、真皮及皮下组织内，以感知体内外的各种刺激，引起相应的神经反射，维持机体的健康。皮肤表面散布触点，触点的大小是不同的，有的直径可以达到 0.5mm，其分布也不规则，一般指腹处最多，其次是头部，而小腿及背部最少。

触觉一般是动物重要的定位手段。大量的生物学实验表明了触觉在生物生命活动中的重要性，例如，剪掉胡须的猫会失去对洞穴尺寸的感知能力。人体表面皮肤中已鉴定为皮肤感觉感受器的有四种触觉小体以及毛根游离神经末梢。压觉感受器帕氏小体也存在于皮下各组织里。对于人来说，构成触（压）觉刺激的为身体表面压力的梯度，所以尖端的接触特别有效（尖端 0.5mm^2 阈值最小）。另外也可以证明，感觉因为逐渐适应加压或者长时间的刺激会导致感觉减弱。

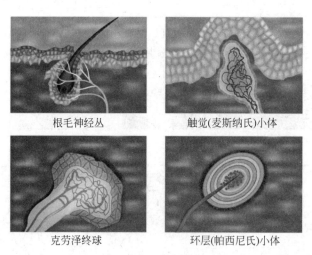

根毛神经丛   触觉(麦斯纳氏)小体

克劳泽终球   环层(帕西尼氏)小体

图 7.4 皮肤上的触觉感受器

7.3.2 增强现实中的触觉输出

触觉是增强现实系统中的关键反馈通道。过去已经探索了几种将触觉反馈集成到增强现实系统中的方法。在许多情况下,触觉反馈系统是用户界面控件的一部分,例如,操纵杆或机械跟踪系统中的集成力反馈或游戏手柄中的振动反馈。另外,还开发了可穿戴系统,例如振动背心、振动耳机和力反馈外骨骼,以向用户提供其触觉信息。

Phantom 触觉界面可在用户指尖位置施加精确控制的力反馈。该设备使用户能够与各种各样的虚拟对象进行交互并感受到它们,并将用于控制远程操纵器。此前芬兰的一家公司——Senseg 公司推出了一款新的触控屏。该触控屏通过屏幕表面的静电场模拟手指和屏幕间的各种不同摩擦,让用户产生不同的材质纹理感觉,包括碎石、包装材料、砂纸等。该触控屏的反馈不依赖任何运动部件,与传统的由触碰引发设备振动方式有着很大的不同。

使用触觉反馈设备可以改善聋人和听力困难人员(Deaf and Hard-of-Hearing,DHH)的增强现实体验(见图 7.5)。这类人群可以用自己的骨骼和肌肉感受到声波(音频低音波)。此外,一些研究表明,人们可以用肌肉和面部感觉到声音和触觉提示。

图 7.5　面向聋人和听力困难人员提供的面部触觉反馈设备

触觉直接影响用户与物体交互的舒适感,帮助用户在与物体交互时调整握力,帮助用户感知周围环境和物体,避免危害健康的状况。现有研究表明,皮肤不具有独立的湿度感应器。皮肤对湿度的感应来自于温度、压力和材质等多种感官。研究人员设计了原型 Mouillé:当用户挤压、提起或刮擦它时,它可以在指尖上分别为硬质和软质物品提供不同程度的湿度感觉(见图 7.6)。

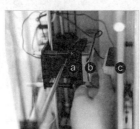

图 7.6　湿度感觉调节机器 Mouillé

AIREAL 是一种新颖的触觉技术(见图 7.7),可在自由空气中提供有效且富有表现力的触感,而无须用户佩戴物理设备。结合交互式计算机图形,AIREAL 使用户可以感觉到虚拟 3D 对象,体验自由的空气纹理并接收有关在自由空间中执行的手势的触觉反馈。AIREAL 依靠由致动的柔性喷嘴引导的空气涡流产生,以提供具有 75°视场的有效触觉反馈,并且在 1m 处的分辨率为 8.5cm。AIREAL 是一种可扩展、廉价且实用的免费无线触觉技术,可用于多种应用程序,包括游戏、移动应用程序以及手势交互等。

UltraHaptics 系统旨在提供交互式表面上方的多点触觉反馈(见图 7.8)。UltraHaptics 采用聚焦超声波,通过显示屏将触觉反馈的离散点投射到用户的手上。研究者研究了超声波聚

图 7.7 虚拟 3D 感应技术 AIREAL

焦的理想特性,能够在空中建立多个局部的反馈点。用户实验表明,系统可以以较小的间距识别具有不同触觉特性的反馈点,而且用户可以通过训练区分非接触点的不同振动频率。

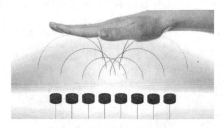

图 7.8 多点触觉反馈 UltraHaptics 系统

研究人员设计了一个手套,在手指和手掌上装有五个可膨胀气囊,两个温度室,以及气动和热控制系统(见图 7.9)。该系统通过将室内温度的空气与热室和冷室的空气混合,可以实现不同强度的热信号。除了模拟不同温度下的虚拟物体外,还可以模拟手与物体接触时的热瞬态过程,提供不同材料抓取物体时的热感觉,支持虚拟物体中用户的物质识别。

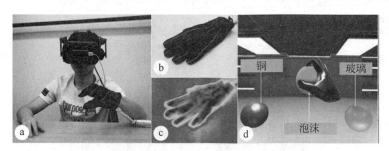

图 7.9 提供温度反馈的手套原型以及效果示意

一项工作为精确的输入交互提供指尖上的力反馈,通过将用户的手指与他或她的身体连接起来,用一个被动的绳子作为手指运动的约束,从而获得物理支持。当触摸到绳子的最大延伸时,用户在手指上感知到物理支持,此时物理支持为触摸交互提供输入稳定和触觉指导(见图 7.10)。这种力反馈可以帮助用户在静态和移动的情况下进行精确的触摸交互(例如,走路),它还可以告诉用户他或她已经到达并单击了空中目标网站。这项工作的最终目标是在混合现实的移动环境中支持精确的触摸输入选择。

最近一项工作提出了一个易于复制的手套系统,能够可靠地实现高真实感的抓取手势,同时提供了触觉反馈。如图 7.11 所示,该设计由 15 个惯性传感单元、Vive 跟踪器进行手

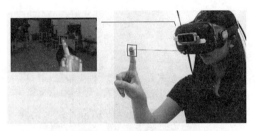

图 7.10　精确的指尖力反馈交互

势定位和跟踪。该系统同时基于物理仿真进行检测碰撞,获取抓取虚拟对象的接触点,并触发振动电机以提供触觉反馈,提供虚拟世界中的碰撞事件。

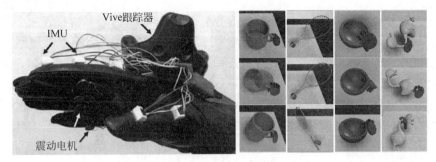

图 7.11　高真实感的抓取手势及触觉反馈

7.4　嗅　　觉

嗅觉提示对增强现实的体验有着非常重要的作用。嗅觉是人类和动物用作全面了解其环境的最重要的感觉通道之一。不同的气味与人类的生理、行为和心理变化有关,这些变化与嗅觉记忆有关。嗅觉有助于情绪、气氛和记忆,通过刺激人的嗅觉可以使人对现实的感受得到极大的增强。

7.4.1　嗅觉机制

人类鼻子由左右两个鼻腔组成,这两个鼻腔通过鼻孔与外界相通,左右两个鼻孔由鼻中隔隔开(见图 7.12)。整个鼻腔内壁以及鼻中隔表面都覆盖着黏膜,这些黏膜就是接受嗅觉刺激的重要生物组织。嗅觉感受器位于鼻腔顶部,叫作嗅黏膜,这里的嗅细胞受到某些挥发性物质的刺激就会产生神经冲动,冲动沿嗅神经传入大脑皮层而引起嗅觉。它们所处的位置不是呼吸气体流通的通路,而是为鼻甲的隆起掩护着。带有气味的空气只能以回旋式的气流接触到嗅觉感受器,嗅觉感受器是由物体发散于空气中的物质微粒作用于鼻腔上的感受细胞而引起的。

嗅觉由位于嗅觉细胞树突末端的嗅觉纤毛所接收,然后传送到细胞质,接着到达神经元的输出延伸物——轴突。轴突会穿越筛骨板与前脑叶下侧的两个嗅球会合,嗅球本身通过嗅脚与大脑相连;嗅神经就是在此开始分支,往内嗅中枢和外嗅中枢分布,直到大脑的嗅觉区里。真实世界中大约有四十万种气味,人的鼻子可以识别大约一万种气味。

多模态反馈技术

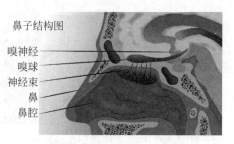

鼻子结构图

嗅神经
嗅球
神经束
鼻
鼻腔

图 7.12　鼻子结构示意图

7.4.2　增强现实中的嗅觉输出

迄今为止,相比视觉和听觉,嗅觉都没有很好的数字化呈现。例如,打开一个美食节目,我们还是只能看到画面和声音,至于美食节目中最重要的气味,我们却感受不到。为什么?事实上,要让嗅觉也能像听觉、视觉一样太过困难,难点在于它和视听的作用机制是不一样的。因为视觉和声音依靠的是对电磁波和声波的反应,可以很容易地用能量激发出光和声,但是嗅觉、触觉和味觉依靠的是与真实物质接触。相对来说触觉还好,是与宏观物质的机械作用。而嗅觉和味觉是与分子层级的化学物质相作用才感知到的。

如果要实现增强现实中的嗅觉体验,常见的方法是像打印机的墨盒一样,先将气味对应的化学物质存储起来,要产生的时候再通过气流鼓吹等方式释放。在释放的时候,可以通过一定比例混合、控制释放的强度、速度等模拟出不同的味道。在这种情况下,一个嗅觉产生设备更接近于一瓶可以释放出各种气味的香水瓶子。研究人员也造出一个接近鼻子的嗅觉显示器,它可以通过一种轻便、时尚的日常穿戴设备(见图 7.13),缩短气味传递距离,直接将气味释放到佩戴者的鼻子上。

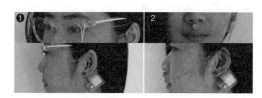

图 7.13　接近鼻子的嗅觉显示器

人类能至多辨别一万种气味,但通常闻到的气味也只有几百种。通过一个设备,里面事先保存了几百种气味,把感受到的气味转换为电信号,然后传递到存储气味的盒子中,再释放相似的气味。目前市面上有在做嗅觉传递方面的公司大多都是这种方法。有一款产品叫Feelreal,它就包含所谓的“气味生成器”,其中包含 9 个独立芳香胶囊的可更换墨盒,如烧焦橡胶味、火药、薰衣草和薄荷。不过,开发商计划提供多达 255 种味道以支持用户自行混搭和匹配。最近的一个工作使用计算流体动力学计算制备虚拟的嗅觉环境。使用微型分布器和表面声波设备组成可穿戴式嗅觉发生器(见图 7.14),可穿戴式嗅觉发生器安装在头戴显示器下方,可迅速散发气味。

有带有香味的电影,在适当情况下出现适合的气味时,可以控制人们对每个场景的印象。带有气味的游戏增强了用户与游戏的互动性。2013 年 4 月 1 日,Google 在愚人节当天

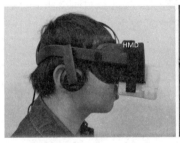 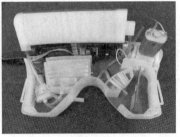

(a) 可穿戴式嗅觉发生装置　　　　(b) 嗅觉发生装置内部结构示意图

图 7.14　可穿戴的嗅觉显示器

推出了 Google Nose。通过该功能,用户可以搜索气味,Google 通过搜索则将数据库中的气味通过设备释放出来。例如,用户搜索"四川大熊猫",就可以闻到大熊猫的味道。这只是 Google 在愚人节开的一个小玩笑。然而,很多公司和研究人员正在将这个看似无厘头的玩笑变成真正的现实生活。包括 1960 年第一部结合气味来讲述故事情节的电影 *Scent of Mystery*、允许一般用户自行制作的气味发生面罩 Synesthesia Mask(见图 7.15)、与智能手机结合的气味发生装置 Scentee、可穿戴的个性化气体发生装置 eScent 等。嗅觉提示对带有硬件远程气味设备 Scentee 的移动设备上数字图像的情感感知有影响。初步结果表明,气味的添加显著调节了图像的情感感知。

图 7.15　气味发生面罩 Synesthesia Mask

　　这种气味释放的方案优点是技术难度相对较低,大众接受度高,安全性高。缺点是需要隔段时间就给气味盒添加气味,局限性也很大,例如,很难准确地把闻到的一种特定的味道分享给他人。而且设备体积不够小巧,只能在实验室或者电影院中当作体验项目。另外一种方法是直接通过脑机接口技术,将电信号激励设备与大脑对应的嗅觉区域神经相连接,依靠设备刺激大脑皮层中相应的嗅觉中枢,从而产生嗅觉。这种方式可以把嗅觉数字化,像视觉和听觉一样把嗅觉用数字编码的形式存储、传输、分享,真正让别人做到一模一样的"感同身受"。

7.5　味　　觉

　　味觉是指物质对人口腔内的味觉器官化学感受系统施加刺激并产生的一种味蕾上的感觉。味觉是人类的一种重要的感官,酸甜苦辣是用来描述味道的词语。在增强现实中,如何

多模态反馈技术

可以让用户不仅看到食物,还要让用户品尝到味道,这是一件非常困难的事情。但毫无疑问,增强现实应用中,味觉也是多模态反馈的重要渠道之一。

7.5.1　味觉机制

不同的味觉产生不同的味觉感受体,味觉感受体与呈味物质之间的相互作用关系也不相同。虽然我们描述味道是用酸甜苦辣,但是最基本的味觉是酸、甜、苦、咸四种。生活中还有许多的味道,都是由这四种基本味道组成的。当味觉刺激物随着溶液刺激到味蕾时,味蕾就将味觉刺激的化学能量转换为神经能,然后沿舌咽神经传至大脑翻译神经信号后返回,产生味觉。由于味道多种多样,舌头对于不同味道的刺激感受也是不同的,分别是舌尖对甜、舌边前部对咸、舌边后部对酸、舌根对苦最敏感。婴儿有 10 000 个味蕾,成人有几千个,味蕾数量随年龄的增大而减少,对呈味物质的敏感性也降低。味蕾大部分分布在舌头表面的乳状突起中,尤其是舌黏膜皱褶处的乳状突起中最密集。味蕾一般由 40～150 个味觉细胞构成,大约 10～14 天更换一次,味觉细胞表面有许多味觉感受分子,不同物质能与不同的味觉感受分子结合而呈现不同的味道。人的味觉从呈味物质刺激到感受到滋味仅需 1.5～4.0ms,相比视觉 13～45ms,听觉 1.27～21.5ms,触觉 2.4～8.9ms 都快。

7.5.2　增强现实中的味觉输出

为了给人提供味觉感知,主流方法是向不同位置的味蕾施加不同强度的电流和温度刺激,以此产生不同的味道。模拟真实的味觉,可以用于减肥、过敏、糖尿病管理、饮食疗法和远程用餐上,如 Project Nourished 项目。美国詹姆斯·比尔德基金会(James Beard Foundation)推出了 Aerobanques RMX 项目,这个项目可以允许两个人在两个不同的地方通过虚拟现实的方式,实现共同聚餐。在品尝真实食物的同时,他们也会在虚拟世界中看到数字化的食物,达到共同聚餐的目的。但这样的聚餐也不便宜,每个人需要支付 125 美元的费用。

一家特别的英国酒吧推出"Vocktails",让消费者认为自己正在享用的白水是真正的酒水。一个特制的玻璃杯会把气味喷射到饮用者的脸上,并利用舌头上的电脉冲来刺激味蕾,掩盖饮用物的真实气味和味道。这种玻璃杯专门用来混淆用户的视觉、嗅觉和味觉,这个玻璃杯能够让白水品尝起来就像是威士忌或酒水,实现一种酒精口感。饮用者可以通过一款手机应用来控制相关的功能,通过手机应用来控制体验玻璃杯可以释放香味并刺激饮用者的味蕾,就能调配出各种鸡尾酒。这项发明围绕马蒂尼玻璃杯设计,并且在 3D 打印的底座上搭配了三个气味筒和三个微型气泵。这种"气味分子"可以改变饮用者对味道的感知。例如,用水果香味来模拟酒水,或者用柠檬香味模拟柠檬水。玻璃杯上的两个电极条设置在边缘,它们可以发出电脉冲刺激味蕾并模拟不同的味道,例如,$180\mu A$ 可以模拟酸味,$40\mu A$ 是咸味,$80\mu A$ 则是苦味。

2003 年,Food Simulator 在计算机图形学顶级会议(SIGGRAPH)中首次亮相。参与者在他们的嘴里放上连着塑料管的一个薄纱包裹着的电动机械设备(见图 7.16)。向下咬的动作会触发这个设备快速地收缩,并向参与者的嘴里射出一种食品味道的化学成分。

2020 年,人机交互会议 CHI 上,研究人员发明了像一根棒棒糖的装置(见图 7.17)。棒棒糖顶部有 5 个接触点,它们分别是 5 种不同的电解质凝胶——红色的是甘氨酸,能制造甜

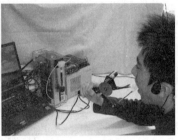

图 7.16 用户体验产生味觉反馈的电动机械设备

味；黄色的是柠檬酸，能制造酸味；黑色的是氯化钠，能制造咸味；棕色的是氯化镁，能制造苦味；紫色的是谷氨酸钠，能制造鲜味。这些凝胶还各自连接了一个电阻，通过它们就可以调节电流，控制释放味道的浓度。让其中一些味道变浓，另一些味道变淡，从而组合出更丰富的口味。简单地理解，就像用三原色调出其他的颜色一样。

图 7.17 用于实现味觉反馈的特殊装置

7.6 多感官融合输出

感觉是认知活动的开端，通过感官能够了解事物的属性。多模态，即为多感官。接收信息时调动的感官越多，心理对事物的形象就更趋向于真实。外界的光线、声音、气味等皆作用于人的感官系统。例如，当视觉受到外部刺激时，视觉神经会将刺激转换为生物电信号，并迅速把信息传到脑神经系统进行处理。多模态指多个感觉器官加上处理各自信号的神经系统，其包括视觉、听觉、触觉、嗅觉和味觉等模态。人类的感官系统是一个相互作用和联系的整体，人们利用多种感官来获取接收信息，多感官整合便是将不同感官通道内不同的信息合并为统一连贯的感知过程。人们通过一系列的感官来进行日常生活中的生理活动，每个感官在各司其职的同时，其实也是相互影响的。如此情况称为感觉器官的相互作用。感觉器官相互作用是指不同的感觉器官产生的感觉发生相互影响的现象，主要是发生在大脑皮层中枢之间的相互连接、相互影响。

因此通过多模态感官理论能够研究感官主体与外部世界的互动关系，如视觉与听觉、味觉与嗅觉之间的相互作用。在增强现实中，对于各个感觉的增强有助于人们的沉浸式体验，在这期间，就不得不考虑到感觉器官之间的相互作用。多感官技术的研究与实现也成为当今增强现实研究的一个热门方向。多种感官的感觉会影响一个人的感受。为了确定人们如何在视觉、听觉和嗅觉三种感官之间分配大脑的认知资源，研究人员进行了三个实验。实验结果表明,参与者一般倾向于为视觉刺激分配资源。然而,随着预算的增加,虚拟情境中听觉和嗅觉刺激的投入百分比显著增加。换句话说,例如,在人注意力高度集中、紧张的条件下,有限的大脑认知资源会优先分配给视觉;如果在资源充足的情况下,例如休闲放松状态,则听觉和嗅觉也可以获得关注。

此外,也可以尝试用一种感觉系统替代另一种感觉系统,克服某些用户与一种感觉方式有关的局限性。例如,面向视力缺陷的用户提供触觉反馈或气味反馈,以弥补视力的缺乏或增强视力。多感官之间也可以引导相互之间的内容生成。最近一项工作分析了触觉与听觉之间的关系,提出了一种基于反馈力引导的刚体-流体相互作用声效的合成方法(见图 7.18)。具体来说,用户利用触觉力反馈的方向和幅度来引导声合成,避免了对流体粒子复杂运动的分析,简化了计算,提升了效率。

图 7.18　基于触觉力反馈(左上角)的刚体-流体相互作用声效的合成

最近一项研究发布了一个可以实时操纵味觉的系统。这个系统通过生成对抗网络(Generative Adversarial Network,GAN)将食物的外观进行图像转换,之后利用增强现实将这个图片叠加到真实图片上,从视觉上来引起味觉上的错觉。具体来说,是提出了一种通过 GAN 实时转换食物的外观(颜色和纹理),将真实食物实时转换为其他食物图像,以从视觉层面控制味觉。首先是从视频透视型头盔显示器(HTC VIVE Pro)的前置摄像头获取RGB 图像,然后将其发送到服务器。服务器端将所获图像中心切割出来,再将其转换为另一个食物图像。图像转换后,最后将转换的图像叠加在真实图像上去。为了训练网络,研究人员从五种食物类别(拉面、炒面、白米饭、咖喱饭、炒饭)中创建了有 149 370 张食物图像的数据集。在演示视频中,可以看到系统将素面变成拉面或者炒面,将白米转换成咖喱饭或炒饭,可以在吃一种食物的时候体验到一种仿佛在吃另一种食物的味觉幻觉(见图 7.19)。

图 7.19　食品通过设备的外观转换

另外一项研究开发了一个增强现实系统,允许用户操纵亮度分布的标准差(见图 7.20)。举例来说,从两片不同的蛋糕上反射出来的光线总量可能是相同的,但对于第一片来说,亮度分布的偏差很小,使其看起来更平滑,而对于第二片来说,偏差很大,使其看起来更粗糙。他们用这个系统做了两个实验,分别邀请用户在吃蛋糕片和番茄酱的时候戴上增强现实面罩系统。在对参与者进行访谈后，他们发现，在保持颜色和整体亮度不变的情况下，操纵亮度分布的标准差不仅改变了参与者预期的湿润度、水润度和美味度，还改变了参与者在品尝食物本身时的实际味道和质地特性。增强现实在操纵湿润度（蛋糕的）和水味（番茄酱的）的用户感觉方面最为有效，而系统对甜味感知的影响则相对较小，说明视觉质感和甜度之间的关联很弱。研究人员希望开发新的图像处理技术，可以实时控制任何食物的任何外观。最终，他们希望利用这些技术来量化视觉信息影响我们味觉的方式，并对大脑内这种处理机制进行描述。

图 7.20　通过改变图像亮度进而改变增强现实应用参与者预期的食物味道

　　2010 年，Meta Cookie 结合了一个有"气味头盔"和一个视觉编码的"普通饼干"（见图 7.21），利用视觉和嗅觉技术来增强风味的方法，来制造"增强味觉"的效果。参与者看见一个增强现实了的饼干，如巧克力味的，同时就会闻到巧克力的气味。这个方法还提出了"伪味觉"方法，通过改变食物的外观和口感来改变食物的味觉。这款特制的眼镜由一个具备增强现实功能的摄像头和气味模拟模块组合。当用户戴上这幅眼镜之后，所看到的食物都会被放大一倍（手是不会被放大的），让用户形成一种"我吃了很多"的心理暗示。此外，这款眼镜还拥有改变食物气味的特殊技能。举个例子，当用户在吃膳食饼干的时候（眼镜里看到的是巧克力饼干），眼镜会将巧克力的味道模拟出来，散发到用户的鼻子里。通过视觉和嗅觉来欺骗大脑，让用户以为吃完一顿大餐，实际上吃的只是平时碰都不愿意碰的减肥餐。

图 7.21　视觉编码的"普通饼干"

小　结

　　虽然视觉是我们最重要的感官,但是五官的共同存在才让我们感知到了鸟语花香、酸甜苦辣。从刺激源到感受器的刺激链条上,听觉和视觉是投入最小、效果最好的模态,也是现在增强现实技术里最关注的两个模态。其他感官,如触觉、嗅觉、味觉等总有环节成本极高,近期比较难实现大规模、高真实感的体验。但终极的增强现实体验将包含所有的感官感觉,包括触觉、嗅觉、味觉,而行业和社区一直在不断探索相关的实现方式。这些感官共同组成了我们对这个世界的完整记忆。若是要在增强现实的场景中复现一个逼真的用户体验,上述多模态输出都是缺一不可的。某些单一感官在特定场景下的重要性将凸显。现有的消费级别的增强现实设备普遍可以集成听觉,甚至触觉(通过电动马达施加振动反馈)。但嗅觉和味觉的输出尚没有简便、高效的系统和方法,因此短时间内可能仍将局限于实验室环境下的探索。

习　题

　　1. 针对文中提到的多感官反馈,分析已有工作的方法和结果,阐述其优点及不足。

　　2. 针对本章中所涉及的听觉、触觉、嗅觉、味觉,为每一种感官模态提出一种适合的应用场景。

　　3. 结合两种甚至多种感官模态,提出一种适合的应用场景。

　　4. 尝试针对一种感官机制,设计可以产生该感官反馈的硬件发生装置,并通过互联网调研是否能够购买相应的零部件。建议参考相关的文献资料。

　　5. 面向移动端平台,分析哪种感官反馈最有可能得到大规模应用,并阐述原因。

第8章　协同交互

8.1　协同交互技术简介

协同交互是一种允许多人在不同的时间、空间背景下,共同完成一个任务的技术。协同交互可以有多种含义,如远程协作、异地协作、实时多用户协作、独立视图协作等。协同的空间可以是虚拟空间,也可以是真实空间。自 2020 年年初以来,远程协作技术得到广泛应用。人们已经适应了在计算机屏幕前开会、上课等。从这个意义上来说,远程视频会议工具,从早期的 Skype、思科会议系统,到最近流行的腾讯会议、钉钉会议等,都可以认为是协同交互工具。

对于复杂的任务,协同交互可以通过团队成员之间的沟通有效地执行任务。因此,在设计和开发协同交互工具的时候,如何确保成员之间的信息快速、准确地传递给对方是一个重要的内容。增强现实技术是一套将虚拟内容无缝地覆盖在物理世界上的技术,它支持更自然、更直观地对三维虚拟对象进行空间操作,通过虚拟与真实的融合提高了可视化效果,并有可能在从单独工作转变为共同工作的协同交互过程中支持感知信息。因此,AR 的协同交互功能有可能显著改善团队交互过程。

近年来,AR 在医学、制造业(设计、维护、维修、装配等)和教育等领域得到了广泛的应用。早期 AR 被用作 CAD 工具的接口,使设计师能够看到三维虚拟设计模型叠加在真实环境上的效果。AR 协同设计的一个典型场景是,一个来自相同或不同学科的设计团队,位于同一地点或分散的地理位置,他们可以共享增强设计环境,自然地相互沟通,并行工作,以完善产品设计(见图 8.1)。

图 8.1　增强现实在制造业中的协同交互

研究表明,基于增强现实的协同交互能够提高协同工作效率。具体来讲,这个优势是从下面几个特点体现的。

第一,虚实空间共享。身处异地的多个参与者可以通过增强现实显示设备同时共享物理空间环境和虚拟世界,在同一个共享增强工作空间内进行协作,将大大提高信息分享的针对性。特别是对于草图、模型设计等任务,在这种场景下,需要对模型的细节进行针对性的讨论。增强现实提供了共享的空间,能够更有效地传递交流意图(见图8.2)。

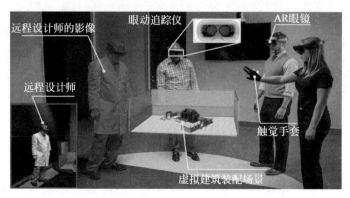

图 8.2　基于增强现实的多人协同工作空间

第二,多模态交互。对比视频电话会议,参与者只能观察彼此的面孔或工作区。然而,增强现实应用中可以将用户的言语和非言语信息,如头部方向、眼神方向、手势、面部表情和声音指示等结合起来,传递给对方。例如,在讨论三维模型设计的场景下,结合视线跟踪等技术,可以实现注意力方向的信息同步,帮助大家更快地把握讨论的焦点。

自从 2020 年起,增强现实在远程办公方面的协同交互功能令人瞩目。许多人在一段时间内都尽可能在家里办公。居家工作的一个主要问题就是如何保持与同事或者客户之间的高效交流。目前常用的交流方式,包括文字、语音、视频都或多或少地降低了交流效率。而像 Arvizio、Avatar Chat、Spatial 和 Whiteboard 这样的增强现实应用程序已经能为拥有增强现实设备的人提供几乎与面对面交流等效的功能。因此,基于 AR 的协同交互研究是一个很有发展前景的研究领域。在本章中将对 AR 中的协同交互进行全面的综述。

8.2　主流 AR 软件中的协同交互技术

8.2.1　Skype

Skype 是一种全球性互联网电话,它通过在全世界范围内向客户提供免费的高质量通话服务,采用点对点技术与其他用户连接,可以进行高质量语音聊天。Skype 是网络即时语音沟通工具,具备 IM 所需的其他功能,如视频聊天、多人语音会议、多人聊天、传送文件、文字聊天等。它可以免费高清晰地与其他用户语音对话,也可以拨打国内国际电话,无论固定电话、移动电话均可直接拨打,并且可以实现调用转移、短信发送等功能。

近几年,Skype 针对 HoloLens 技术推出了 AR 下的交互功能。在这个功能下,用户的远端对象会以三维悬浮窗的形式显示(见图8.3),并且悬浮窗的位置可以自由变动或者随着用户移动,这使得通话过程能够更加自由。同时,Skype 还提供了一种方便的绘制线条的交互方式。用户可以使用双手在对方的增强现实空间中绘制曲线,从而更好地表达自己的意思。通过直观地将虚拟三维模型展示在操作者面前,可以帮助他们更好、更快地完成相关工作。

图 8.3　Skype 与 HoloLens 结合中利用三维悬浮窗的交互形式

8.2.2　Spatial

Spatial 公司正在探索增强现实软件在远程办公上的作用。该公司创建了一个办公室协作平台,不仅可以让用户与同事聊天,还可以在三维空间中操纵虚拟物体(见图 8.4)。用户只需要佩戴如 Oculus、HoloLens 等 VR/AR 设备就可以实现远程交互。同时用户需要上传一张照片,软件会以此创建专属的三维模型,这样的三维模型只包含用户的上半身。这样的模型在细节方面同样存在瑕疵,如表情的细节变换、头发的飘动等。但是在简单的工作会议场景下,人物模型的表现已经能够满足大部分的需求。

图 8.4　Spatial 平台利用增强现实技术实现协同办公

在这类场景中,另一个主要的需求就是协同交互。在这方面,Spatial 软件提供了一种基于共享项目板的协同交互解决方案。用户可以将不同的图片、文件、视频甚至共享桌面放置在项目板上,实现多用户之间的信息共享。同时,Spatial 还支持直接在共享区域放置构建好的三维模型。此外,Spatial 提供了一些基础的与三维模型的交互手段,如物体的旋转、缩放和平移,以及用户可以使用手指在空间中绘制轨迹以表达他们的思想。

8.2.3　Holoportation

随着网络的发展,特别是 5G 的到来,网络带宽在不久的将来可能不再是增强现实软件的约束之一,人们将追求高质量的协同交互软件。在之前介绍的软件中,远程人物都是通过预制的三维模型进行渲染的,这样的模型较为粗糙,头发或者表情变化等细节无法很好地显示。Holoportation 则依赖于前沿的渲染优化和去噪技术,使用实时的渲染代替了预制的模型,并且保证了渲染质量和低延迟(见图 8.5)。这样的设计对于渲染和网络传输有着很高的要求,但是效果也十分优秀,更加接近电影中人们幻想的远程交流的场景。这样的交互效果的硬件要求包括多个高清摄像机,数台 GTX 1080Ti 显卡,1～2Gb/s 的网络带宽。虽然现在这样的功能需求只有专业用户能够满足,但是在未来肯定可以走向普通消费者。

图 8.5　Holoportation 实时渲染的场景

8.2.4　基于移动设备的 AR 协同交互技术

随着智能手机/平板电脑变得越来越流行和强大,手持设备已经成为增强现实应用最有希望的平台之一,基于移动端增强现实的协同交互已经成为可能。头戴式增强现实设备和手持式增强现实设备之间的一个关键区别因素是手持式设备的信息访问成本更低。现代智能手机和平板电脑结合了快速 CPU、高分辨率摄像头以及 GPS、指南针和陀螺仪等传感器。它们是基于移动端增强现实的协同交互的理想平台。

研究人员探索了在手机平台上建立增强现实的国际象棋游戏(见图 8.6)。探究结果表明,新兴的智能手机和平板电脑在协同交互上具有巨大的可扩展性和实用性。重要的是,我们认为结合以华为 AR Engine 为代表的移动端增强现实设备将不断推动基于增强现实的协同系统的完善。

图 8.6　AR 实现国际象棋的协同交互

8.3　协同交互的核心特点与特征

8.3.1　注册与跟踪

注册和跟踪是增强现实应用中的关键任务。没有准确的跟踪和注册,就不可能无缝地合并虚拟和真实的对象。当用户移动身体、头部和眼睛时,参照工作空间精确地跟踪用户的位置。在一个基于增强现实的协同交互系统中,当注册算法不够精确时,模型将会失效。只有准确地注册和跟踪,增强现实系统才能为每个用户提供一个正确的透视图,并确保当用户指向需要交互的模型时,其他用户看到的是共享空间内的同一位置。

一般来说,在协同交互系统中使用的跟踪器需要满足高精度、低延迟和避免抖动等要求。目前,许多商用跟踪器可用于基于 AR 的协同交互,例如基于标记的、机械的、磁性的、基于传感器的、无标记的和混合系统,它们结合了两种或多种方法的优点。具体可参见第 2、3 章的内容。

在增强现实远程指导中,内置于受训者耳机中的摄像头可以将工作区传送到远程指导者。但是,随着受训者移动头部,可视化会频繁且突然发生变化。最近的一项工作提出了一种用于受指导者第一人称视频的稳定化方法为指导者提供有效的工作空间可视化(见图 8.7)。可视化效果稳定、完整、最新、连续、无失真,并且从受训者的典型角度进行渲染。该方法相对于视角不稳定的可视化数字匹配任务具有明显的优势。在以外科远程诊断的示范案例中,稳定效果也很好。

图 8.7　AR 远程指导实现的工作空间稳定可视化

8.3.2　协同交互技术

在基于 AR/MR 的工作空间中,交互技术对虚拟产品模型的创建、修改和操作的有效性、直观性和自然性有着重要的影响。因此,模型交互技术是基于增强现实系统的另一个重要研究方向,研究者需要尝试创造新的工具和技术,以促进可替代的可视化和表示。友好简洁的用户界面和快捷的交互工具是基于 AR 协同交互的关键。

将用户的视觉注意力引导到特定兴趣点的机制在基于虚拟现实或增强现实的协作任务中发挥着至关重要的作用。一项研究比较了三种不同的视觉引导机制:箭头,蝴蝶形引导器和雷达,用于引导用户的注意力到特定区域(见图 8.8)。第四个条件:不提供引导工具,被添加为基线,作为对照实验。其中三种引导机制都比没有引导的基线条件更好,而箭头是被用户评价最高的。

图 8.8　三种不同形式的视觉引导机制

8.3.3　共情技术

在多人协同的环境下,和单人、单机场景最大的不同就是人的因素。如何能够准确、快速地感知到协作对方的情绪、情感,特别是微妙的情绪,是非常重要的。这在商业、教学领域是非常关键的(见图 8.9)。例如,利用增强现实技术进行房屋出售的业务中,如果没有办法准确捕获客户对于所售房屋的兴趣,则大概率无法成功出售该房产。在真实世界中,房屋销售经理总是可以从对话、面部表情、人体姿态中更好地读懂客户的需求和兴趣点,进而完成成功的销售。同理,在远程教育中,如果教师无法准确及时地了解学生的听课状态,也无法达到有效的教学质量。

图 8.9　增强现实技术在商业和教育方面的应用

最近一项工作评估了在三种需要不同类型合作的环境中,向协作者提供心率反馈会如何影响他们的协作。实验结果表明,当提供实时心率反馈时,参与者会更真实地感受到合作者的存在,更了解合作者的情绪状态。心率反馈还使参与者在执行任务时感觉更具有支配感。这表明,在增强现实的协作任务中,向用户提供协作者的生理反馈(例如心率或呼吸频率)会对用户的参与感和沉浸感产生积极影响。

小　　结

本章首先介绍了增强现实协同交互系统的重要性,即对远程的、带有便于相互理解的虚拟物体的增强现实交互技术的需求;接着介绍了主流增强现实软件中协同交互的应用以及评估其有效性的方法;之后则着重介绍了协同交互的系统性框架;最后总结了协同交互领域的核心特点与特征。

习　　题

1. 结合自己利用信息技术与他人交互过程中(例如与家人视频,与同学合作项目,线上面试等)的体验,分析现有协同交互的工具优缺点。

2. 分析在协作交互过程中,之前章节中涉及的技术将如何影响交互的效率和体验。

3. 分析基于移动端平台的增强现实应用在协同交互的任务中可以发挥的潜力。

4. 在本章所述协同交互架构中,对同时交互的用户数量制约最大的因素是什么?

5. 尝试自己搭建一个最基本的协同交互服务器和客户端,进行网络通信。

第9章 应用架构

9.1 应用架构简介

一个完整的增强现实应用,不仅需要一个感知和反馈的用户终端,还需要一个能够处理大量计算、正确感知真实世界、准确解读用户意图的服务器(见图9.1)。在深度学习愈发普遍的情况下,大部分计算量大的流程都是依靠服务器进行处理,再通过网络通信传输到客户端。

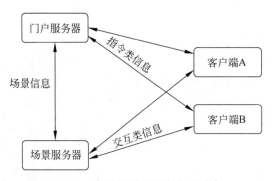

图 9.1 完整的增强现实应用需求

一般情况下,服务器会分为两类:门户服务器与场景服务器。门户服务器负责用户管理、场景管理、数据资产管理等功能。独立门户服务器还可以有更灵活的扩展性,以后如果要替换为定制化的平台,并不影响关键的场景服务器。场景服务器负责实时状态同步、场景交互、云渲染等功能,将渲染类工作放到场景服务器上,将渲染好之后的图像和音效传递给客户端。大量客户端通过指令类信息与门户服务器进行交互,通过交互类信息和场景服务器进行交互。

如图9.2所示的所有设备是在搭建、部署、使用一个增强现实应用中所需的基本设备,包括服务器、客户端、网络通信设备等。

传感设备可以采用传统的计算机输入设备如鼠标键盘,也可以用语音识别、手势识别、动作捕捉等技术对用户的输入信息进行采集。之后将采集到的数据通过客户端计算单元进行相应处理反馈到反馈设备,如体感眼镜、手套等设备。

门户应用服务器和场景应用服务器分别从数据库服务器和数字资产服务器获取信息,在服务器端生成虚拟世界,与语音/视频消息应用服务器,在5G网络、Wi-Fi、LAN的环境下,与用户方进行相互交互。

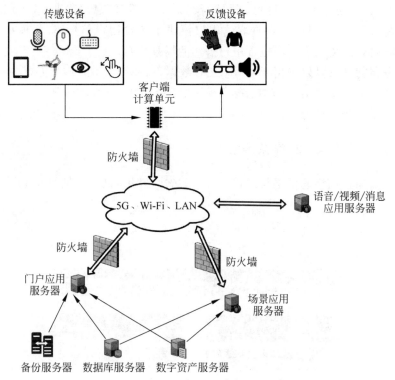

图 9.2　增强现实应用所需的基本设备

在未来,伴随 5G 技术的发展,端—边—云的架构将会得到更多的广泛应用。如何将增强现实系统有效合理地部署在这三个计算单元上是一个有待更多探索实践的问题。在本书中,更多的是围绕典型的客户/服务器架构来分析。在 2019 年,多家公司联合成立了 Open AR Cloud 项目,旨在建立开放的增强现实资产、数据、格式、通信等多方面的行业标准。

9.1.1　门户服务器逻辑架构

门户服务器的职能较为简单,通过网络通信层与客户端和场景服务器进行交互,管理数据库和资产库(见图 9.3)。

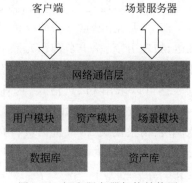

图 9.3　门户服务器架构结构图

资产库中主要包括场景、角色、模型、动画、材质等信息。数据库采用 MySQL 或 SQLite,保存资产模型所对应的数据表。用户模块中包含用户信息,资产模块中包含模型和材质、动画等信息,场景模块中包含用户搭建的场景信息。

门户服务器的开发可以采用云端 MySQL 数据库,使用云端存储功能,保存数据库和资产库,使用 J2EE 框架开发用户模块、资产模块、场景模块,搭载在云服务器上。使用 TCP 与客户端和场景服务器进行交互。

9.1.2 场景服务器逻辑架构

场景服务器通过网络通信层与门户服务器和客户端进行交互(见图 9.4)。

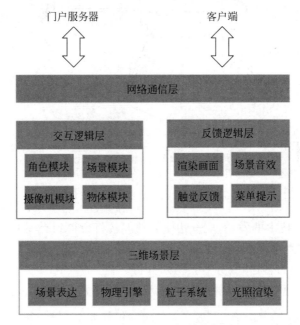

图 9.4　场景服务器架构结构图

交互逻辑层中包含用户与用户、用户与场景之间交互所涉及的模块,角色可以搭建自己的场景,摄像机可以跟随角色进行相应的运动,角色进行抓取、拖曳等动作对物体进行操纵。

反馈逻辑层给予用户操作的反馈信息,通过渲染画面、场景中的音效、体感设备的触觉反馈、菜单窗口的提示,分别给予视觉、听觉、触觉方面的反馈信息。

三维场景层就涉及场景表达、物理引擎、粒子系统和光照渲染方式。

场景服务器通过 TCP 与门户服务器交互,通过 RTSP 与客户端进行交互。

场景服务器中的三维场景表达可以采用 glTF 格式,物理引擎采用 Bullet/PhyX 等引擎,使用 Effekseer 粒子系统制作特效,光照渲染使用 WebGL/OpenGL/Vulkan 等。

交互逻辑层可以分为角色模块、场景模块、摄像机模块、物体模块进行研发。

反馈逻辑层中,画面显示采用画面推流的方式,其余的触觉反馈、场景音效、菜单提示需要针对具体的设备驱动进行定义。

9.1.3 客户端逻辑架构

客户端通过网络通信层与门户服务器和场景服务器进行交互（见图9.5）。

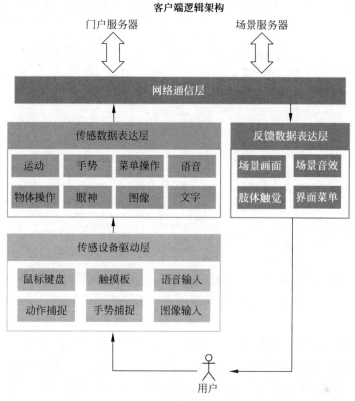

图 9.5　客户端架构结构图

用户通过传感设备,如鼠标键盘等输入用户所表达的信息,而这些传感数据在系统之中可以表达为角色的运动、手势,对菜单或物体的操作,图像文字等形式。相应地对于用户的输入信息,系统会以场景画面、场景音效、肢体上的触觉、界面菜单这样的形式表达出来,具体反馈可以通过图像的显示、音效的播放、显示文字、体感设备生成触觉这样的形式反馈给用户。

传感设备驱动层设备 API 获取用户输入的信息,传递给传感数据表达层,这里的表达层不同的表达方式可以有不同的研发方法,运动部分可以参考 Sixsense,物体菜单操作可以使用 QT,图像部分可以采用 FFMPEG,语音数据可以使用华为云语音,文字部分可以使用 CHAT,各个部分均采用现有技术和自主研发相结合的方式。

客户端通过 TCP/UDP 等协议与门户服务器交互,通过 RTSP 与场景服务器进行交互。反馈数据表达层中,场景画面通过视频推流的方式从服务器端将图像传递到客户端,减少了客户端渲染的压力。场景音效使用 SDL,界面菜单使用 QT,肢体触觉方面将会寻求自主研发的道路。

9.1.4 通信机制

系统一般采用客户/服务器模式,即由两部分组成:一个服务器和多个客户端(见图 9.6)。

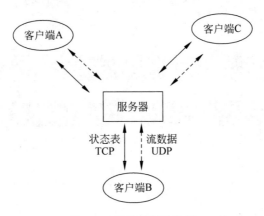

图 9.6　通信机制结构图

服务器组件将为多个客户端组件提供服务。客户端从服务器请求服务,服务器为这些客户端提供相关服务。此外,服务器持续侦听客户机请求。

通信部分将采用 TCP+UDP 的混合通信模式。TCP 将负责客户端状态表的同步,而UDP 则负责实时的流通信(例如语音、视频等)。状态表的通信力求准确可靠,因此选择TCP;而在交互过程中的流通信则允许部分延迟或丢包,尽力而为的方式可降低网络带宽的消耗,但伴随准确的状态表同步,这些延迟或丢包可在短时间被修复。

具体包括利用 Socket 接口编程,实现独立程序完成信息接收,避免消息阻塞;同时利用 protobuf 进行网络协议的定制,特别是状态表的同步。状态表设计如表 9.1 所示,每次分发状态表时,仅分发和上次同步状态表的差异部分,以此减少网络带宽的消耗。

表 9.1　网络协议中同步状态表的定义

状态分类	场景状态	用户状态	物体状态
状态信息	用户列表	身体姿态	形状
		手势动作	大小
	物体列表	眼神目标点	位置
		所持物体	旋转

在网络延时小于100ms时,多人交互、人物交互流畅。网络延时为 100~300ms 时,用户可明显感知到延时,但仍可交互。根据不同的交互场景,如果只是漫游类则可正常进行;如果有关键事件,如击打等,则需要进行延时预估,对交互物体的移动速度进行调整。在网络延时超过 300ms 的情况下,用户体验会非常糟糕,物体移动会出现迟滞或跳跃。

9.2 增强现实应用的主要功能

9.2.1 数字资产创建、加载、保存

增强现实的核心功能是将虚拟场景和现实场景叠加。因此,增强现实应用的核心功能之一是要能够创建虚拟场景。常见的方式是载入预存的场景模板。另一种重要的数字资产是用户的虚拟形象。数字资产的创建可从外部(例如 U 盘、网络等)获取,也可以直接在增强现实场景内创建。个性化的角色形象也可以通过其他方式(基于图像、深度相机等)创建与真实用户一致的个性形象。

建议场景保存为 glTF(GL Transmission Format)格式。glTF 是一种 3D 内容的格式标准,由 Khronos Group 管理(Khronos Group 还管理着 OpenGL 系列、OpenCL 等重要的行业标准)。glTF 的设计是面向实时渲染应用的,尽量提供可以直接传输给图形 API 的数据形式,不再需要二次转换。glTF 对移动端的渲染引擎 OpenGL ES、WebGL 非常友好。几大主流的三维内容创作引擎包括 Unity3D、Unreal、Thres.js 等都支持该数据格式。

华为提出了一款多功能 3D 编辑器 Reality Studio。它提供了 3D 场景编辑、动画制作和事件交互等功能,帮助用户快速打造 3D 可交互场景,可广泛应用于教育培训、电商购物、娱乐等诸多行业的 XR 内容开发。

9.2.2 数字资产权限管理

在商业级别的增强现实应用中,虚拟场景等数字资产一般归属不同用户。因此,需要将场景相关操作加入权限管理模式。一般在服务器端,通过明确每个用户对场景的不同权限,确保场景的隐私和合作模式。常见权限划分为:浏览基本信息、漫游场景、编辑场景。

9.2.3 场景漫游式交互

场景漫游是增强现实的一个重要功能。鼠标键盘和平板触控技术成熟,可首先考虑作为场景漫游的交互手段。另外,较为新颖的漫游手段包括利用手势、头盔、真实行走、眼球跟踪等。其中前三者通过控制虚拟摄像机的变换矩阵实现,眼球跟踪通过场景内的交互式渲染实现。在漫游模式下,主要分为视野、增强渲染和触觉三种交互。触觉式交互将在未来作为新的交互方式加入进来。新的交互方式,如其他的运动捕捉系统,可通过视野交互和增强渲染两个通用接口来实现兼容。

9.2.4 场景编辑式交互

在增强现实场景下,除了基础的漫游式交互,用户很多情况下还需要编辑物体、场景的属性。编辑式交互的核心是选择物体、编辑属性。基本的物体交互功能包括选择物体、抓取物体、编辑物体、触碰物体。实现交互的方式有多种,包括手势交互、键盘、触摸屏、鼠标等成熟技术。为了实现通用性,可以将针对物体的交互封装为三种不同的交互类,即选择、抓取、编辑,通过其他方式完成的交互,只要能对接这三种接口即可。利用其他新设备、新方式提供的编辑交互,最终都通过顶层的编辑交互类进行实现。

9.2.5 用户间交互

在一个多人协同的增强现实场景下,还需要开发面向用户间协同的功能。其中,部分核心功能包括语音聊天、语音消息、文字消息等。在更高级的情况下,触觉等方式进行交互是未来的发展趋势。用户间交互相对独立,可考虑成熟的语音和文字 SDK,便于集成。

9.3 服务器端概念架构

服务器架构主要分为网络通信层、应用逻辑层和数据资产层(见图 9.7)。网络通信层接受处理客户端发送的信息,将收到的信息处理之后传递到应用逻辑层,由应用逻辑层决定进行相应的操作,从数据资产层中提取相应的资产信息,触发相关的消息机制。后续将重点介绍客户端与服务器端的网络通信。

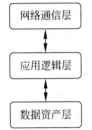

图 9.7 服务器架构图

9.3.1 应用逻辑层

该层主要包括接收客户端发来的消息,调用对应模型,触发相关的消息机制。消息种类包括以下几种。

(1) 场景类。场景打开、新建、删除、保存等。

(2) 信息类。用户更新个人、场景、系统属性。

(3) 状态类。需要同步的状态,包括角色动作、物体属性、注视点等。

(4) 模型类。用户更新包括模型、材质、纹理等。

(5) 消息类。用户间发送的消息。

针对不同的资产数据类型,建立对应的模型类,用于处理不同的消息请求,包括系统、场景、角色、动画、纹理、材质、图片、文本等。其中,数据库将针对上述各类资产,建立对应的数据表,存储相关信息。

9.3.2 数据资产层

该层主要包括数字资产和数据库管理。其中各种资产的文件格式拟采用如下方案。

(1) 场景。glTF,用以描述场景中所有信息,包括角色、物体、灯光、摄像机等。

(2) 角色。glTF,用以描述角色的模型、纹理、材质、骨骼等信息。

(3) 三维模型。保存为 glTF 的 BIN,同时接受 fbx,ma/mb/3ds 等格式,通过插件转换为 BIN。

(4) 动画。动画轨迹保存为 JSON 格式,或采用 glTF 中的 BIN 格式。

(5) 纹理。模型的纹理贴图保存为.jpg/.png 图片格式,以实现精度更高、视觉感强的外观。

(6) 材质。基于真实感光照的材质模型保存为 JSON 格式。

(7) 图片。场景中利用到的一般图片保存为.jpg/.png 格式,包括展示图片、场景截图等。

(8) 文本。包括系统日志、用户对话及其他相关配置,均可保存为文本文件,采用 JSON

格式。

数据库拟采用 MySQL 或 SQLite。一方面是针对上述模型建立对应的数据表,保存相关信息和链接;另一方面用于保存包括用户基本信息、日志等。

9.4　客户端概念架构

该架构(见图 9.8)主要是将传感器数据采集、交互逻辑规则和反馈生成分离。该架构一方面可屏蔽底层传感器的差异性,允许多种传感器收集同一信号;另一方面可屏蔽输出平台的差异,兼容虚拟现实、增强现实、PC、平板等多种平台。

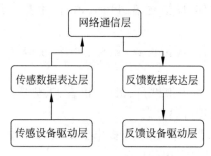

图 9.8　客户端概念架构图

9.4.1　传感设备驱动层

这个模块主要包括传感器 API 层和传感器接口层。其中后者主要是为了制定统一的数据接口,用于兼容不同的传感器设备。传感器类别:鼠标、键盘、触摸板、运动捕捉系统、眼球跟踪、RGB 摄像机、RGBD 摄像机、数据手套、麦克风、头盔/眼镜内置 IMU 等。不同的传感器用于采集相同或者不同的信息,因此迫切需要一个更高层的数据接口,一是用于兼容不同的传感器设备,二是为更高层的交互提供统一的数据来源。

传感器数据类型如下。

(1)菜单交互事件类。打开、选择、关闭菜单等操作,用于改变物体属性、修改系统选项、打开保存退出场景等。可通过鼠标、键盘、触摸板、手势、麦克风等实现。

(2)物体交互事件类。单击、抓取、释放物体等操作。可通过鼠标、键盘、触摸板、手势、麦克风等实现。

(3)角色实时动作类。获取真实用户的运动(表达为标准三维骨骼的运动信息)。可通过运动捕捉系统、RGB 摄像机、RGBD 摄像机、数据手套等实现。

(4)角色固定动作类。基于用户输入,触发角色固定动作库中的某个动作。可通过运动捕捉系统、RGB 摄像机、RGBD 摄像机、数据手套等实现。

(5)角色眼球跟踪类。捕捉人眼位置,获取视野注意点。可通过眼球跟踪设备获取,在缺少眼球跟踪设备情况下,也可采用角色实时动作类中的头部朝向或内置 IMU 模块代替。

(6)用户间通信消息类。不同用户之间的交流,包括语音和文字等。可通过鼠标、键盘、触摸板、麦克风等实现。

9.4.2 传感数据表达层

这个模块的核心作用就是基于用户输入,调用对应的交互模型,用于生成合适的反馈,或与服务器进行通信。交互逻辑类别如下。

(1) 场景漫游。允许用户视野在虚拟场景中进行漫游,通过鼠标键盘、操纵杆、真实行走等方式,改变摄像机的位置和方向。

(2) 角色模型。允许用户自定义角色模型,通过线下定制线上导入、线上实时扫描等方式,制作个性化的角色模型。

(3) 角色动画。基于运动捕捉等系统的数据输入,驱动虚拟角色的骨骼动画。

(4) 物体选择。基于实体/虚拟键盘、鼠标、语音、手势选择等输入,转换为物体选择操作。

(5) 物体抓取。基于实体/虚拟键盘、鼠标、语音、手势选择等输入,转换为物体抓取操作。

(6) 物体编辑。基于实体/虚拟键盘、鼠标、语音、手势选择等输入,转换为物体编辑操作,包括缩放、旋转、平移、纹理等属性。

(7) 用户视点。基于眼球跟踪、运动捕捉中头部朝向等输入信息,获取用户视点,通过服务器传递给其他用户,激活场景中的增强渲染。

(8) 菜单操作。基于实体/虚拟键盘、鼠标、语音、手势选择等输入,定义包括系统设置、场景参数设置、场景新建、载入、保存、删除等交互命令。

(9) 语音通信。为用户之间提供语音通信的交互方式。语音输入由本地麦克风获取,通过语音通信 API,发送到对方。

(10) 文本通信。为用户之间提供文本通信的交互方式。文本可由实体/虚拟键盘、语音识别等方式输入,通过服务器转发可在对方 UI 窗口中显示。

9.4.3 反馈数据表达层

客户端部分通过传感设备驱动层获取用户的信息,传递给传感数据表达层,并最终传递给网络通信层进行相应的处理。处理之后的信息发送给反馈数据表达层,表达出来之后,反馈给反馈设备驱动层,通过具体设备表现出来。

在客户端的反馈方式上,输出硬件包括常见的显示设备,包括 HoloLens、手机平板等。在前端的显示框架上,已经有开源的 WebXR、OpenVR、AFRAME 等多个框架,用于统一的虚拟现实设备驱动接口。但迄今为止,尚未有标准的增强现实设备驱动接口。

以 OpenVR 为例,它为虚拟现实应用提供统一的数据接口,从而使得虚拟现实应用不用直接与具体的虚拟现实设备(Occulus 或者 HTC Vive)SDK 打交道。因此,它可独立于游戏来添加扩展新外设,也可以轻松地在多个平台上迁移应用。

通用音效鼠标键盘驱动可以采用 Simple DirectMedia Layer。

考虑到跨平台包括 VR、AR、MR、PC、平板等众多选项,为了确保良好的兼容性,反馈生成也将包括两层:反馈数据表达层和反馈设备驱动层。前者作为抽象的反馈类型,用于兼容不同平台的反馈功能;后者则调用各平台具体的底层 API,实现各反馈功能。

9.4.4　反馈设备驱动层

（1）虚拟角色。该类控制角色的动画,接收控制器发出的相关信息(包括连续的动画数据、离散的动画指令等),转换为对应的角色动画。

（2）场景物体。该类控制场景中物体的属性(大小、位置、旋转等)。接收控制器发出的相关信息(包括利用手势、鼠标、菜单等进行物体交互),转换为对应的物体属性。

（3）场景增强。该类提供场景的增强渲染功能。接收控制器发出的相关信息(包括眼神注视点、头部朝向、手势指向等),针对场景内特定区域进行增强渲染,用于更高效的用户间信息共享。

（4）窗口菜单。该类控制系统的窗口菜单属性,用于通过菜单操作物体、场景、系统的属性,也通过浮动窗口中的文本消息实现用户间的消息通信。

（5）触觉反馈。该类提供特殊的触觉反馈功能。接收控制器发出的相关信息(模拟物体的形状),产生对应各触觉驱动器的驱动状态。

（6）声音反馈。该类通过音效输出设备提供各种声音反馈,包括用户语音、系统提示音等。

（7）场景操作。该类提供场景级别的操作,包括新建、载入、保存、删除等,可由菜单操作类事件触发,也可定义特定的手势操作或其他操作触发。

9.5　以 HUAWEI AR Engine 为例的架构分析

9.5.1　HUAWEI AR Engine 架构

HUAWEI AR Engine 是华为在 2018 年开发者大会上发布的可商业化"大规模部署"的 AR SDK,它是一个用于在 Android 上构建增强现实应用的平台。HUAWEI AR Engine 是华为打造的 AR 核心算法引擎,提供了运动跟踪、环境跟踪、人体和人脸跟踪等 AR 基础能力,通过这些能力可让应用实现虚拟世界与现实世界的融合,为应用提供全新的视觉体验和交互方式。

HUAWEI AR Engine 通过整合模组、芯片、算法和 EMUI 系统,采用硬件加速,提供效果更好、功耗更低的增强现实能力,同时基于华为设备的独特硬件,在基础的 SLAM 定位和环境理解能力外,还提供手势、肢体识别交互能力。从本质上讲,HUAWEI AR Engine 在做两件事:在手机移动时跟踪它的位置和姿态,构建自己对现实世界的理解。目前 HUAWEI AR Engine 提供了三大类能力,包括运动跟踪、环境跟踪、人体和人脸跟踪。

HUAWEI AR Engine 运动跟踪与环境跟踪能力的基础是不断跟踪终端设备的位置和姿态,以及不断改进对现实世界的理解。HUAWEI AR Engine 主要通过终端设备摄像头标识特征点,并跟踪这些特征点的移动变化,同时将这些点的移动变化与终端设备惯性传感器结合,来不断跟踪终端设备位置和姿态。HUAWEI AR Engine 在标识特征点的同时会识别平面(如地面或墙壁等),同时可估测平面周围的光照强度。HUAWEI AR Engine 凭借这些能力可很好地理解现实世界,并为用户提供虚实融合的全新交互体验,可在 HUAWEI AR Engine 构建的虚实世界中添加物体。例如,用户可将一张想要购买的虚拟桌子放在即将被装修的房间内来查看效果。运动跟踪能力能实时跟踪用户的运动轨迹。当用户离开房间再回来时,那张桌子仍然会在用户添加的位置。HUAWEI AR Engine 使用户的终端设备具备了对人的理解能力。通过定位人的手部位置和对特定手势的识别,可将虚拟物体或内容特效放置在人的手上;结合深度器件,还可精确还原手部的 21 个骨骼点的运动跟踪,做更为精细化的交互控制和特效叠加;当识别范围扩展到人的全身时,可利用识别到的 23 个人体关键位置,实时检测人体的姿态,为体感和运动健康类的应用开发提供能力支撑。

　　HUAWEI AR Engine 架构包含两个部件：后台服务 Server 和应用进程 Client,见图 9.9。

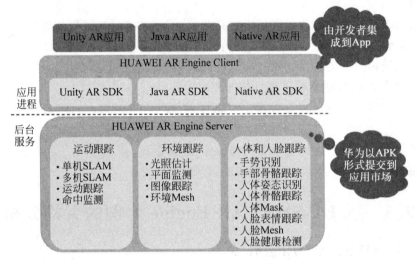

图 9.9　HUAWEI AR Engine 框架

　　后台服务 Server 集成了运动跟踪、环境跟踪、人体和人脸识别等 AR 核心算法。其中,位置跟踪包含单机 SLAM(同步定位与建图)、多机 SLAM、运动跟踪、命中监测等,通过识别跟踪现实世界的特征点,可持续稳定跟踪终端设备的位置和姿态相对于周围环境的变化,同时输出周围环境特征的三维坐标信息。环境跟踪包括光强估计、平面监测、图像跟踪、环境 Mesh 等,通过捕获并识别现实环境中的平面(墙体、地面)、光照、物体、环境表面等,来辅助用户的应用实现虚拟物体以场景化的方式逼真地融入现实物理世界,提升虚拟物体在成像上的真实感。人体和人脸跟踪包括手势识别、手部骨骼跟踪、人体姿态识别、人体骨骼跟踪、人体 Mask、人脸表情跟踪、人脸 Mesh 等,通过识别、跟踪人体特征点,来理解环境中人的信息,包括跟踪人脸、人体、手势等实时信息,以辅助用户的应用实现人与虚拟物体交互的能力。华为将后台服务 Server 这些 AR 核心算法以 APK 的形式预置在华为手机中,并上架到华为应用市场,上层的应用通过会话控制(Session)调用相应的 AR 服务。开发者仅需通过 SDK 对应的 API 来调用想要的功能,实现对底层黑盒,简化开发过程,节省开发时间。开发者可以通过华为应用市场下载 HUAWEI AR Engine Server,来支持自己开发的 AR 应用。

　　应用进程 Client 提供给开发者集成第三方应用,目前包含 Unity AR SDK、Java AR SDK、Native AR SDK。应用进程 Client 面向开发者,开发者开发的第三方应用通过调用相应的 API 来调用底层 Server 的功能,以此来支持应用的 AR 功能。三种 SDK 所提供 API

的功能相差无几,开发者可根据开发环境灵活选择相应的 AR SDK。开发者选择相应的 SDK 后,可根据华为官方提供的文档开发自己的第三方应用。封装底层核心 AR 算法使其对开发者黑盒,可以让开发者更好地面向功能优先,而不用学习复杂、先进的 AR 算法,这也是 HUAWEI AR Engine 架构的优势。

9.5.2 典型 AR 应用架构

基于 HUAWEI AR Engine 开发的 AR 第三方的典型应用架构包含两个部件:纯虚拟应用和 HUAWEI AR Engine 服务的逻辑交互,见图 9.10。

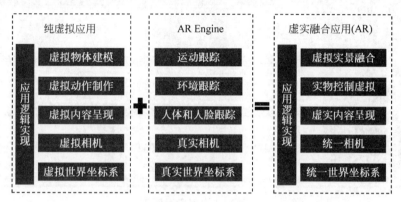

图 9.10 基于 HUAWEI AR Engine 的典型应用架构

纯虚拟应用需要开发者自主开发实现应用逻辑及内容,包括虚拟物体建模、虚拟动作制作、虚拟内容呈现、虚拟相机、虚拟世界坐标系。其中,虚拟物体的建模和虚拟物体的动作制作会影响最终 AR 场景下的真实性。虚拟物体的材质、贴图、比例、外形、颜色等越真实,其动作越自然,最终在 AR 场景下该虚拟物体成像越真实,甚至能以假乱真。而虚拟相机与虚拟世界坐标系要与手机的真实相机与真实世界坐标系一致,这样虚拟物体的呈现才会稳定和真实。

HUAWEI AR Engine 提供给第三方应用的 AR 算法,包括运动跟踪、环境跟踪、人体和人脸跟踪、真实相机参数、真实世界坐标系。其中,运动跟踪、环境跟踪、人体和人脸跟踪是提供给第三方应用理解世界和人的能力。而真实相机参数和真实世界坐标系则是提供给第三方应用真实的世界视角及位置。开发者可以在自己的纯虚拟应用中集成 HUAWEI AR Engine 的 API,从而构建一个完整的虚实融合应用。基于 HUAWEI AR Engine 开发的第三方 AR 应用可以包含虚拟实景融合、实物控制虚拟物体、虚实内容呈现等 AR 应用常见的功能,并且虚拟物体和实景使用的是统一的相机以及世界坐标系。

9.5.3 示例应用架构

一个典型的增强现实的示例应用架构如图 9.11 所示。

云端服务器采用的是基于 MVC(Model-View-Controller)模式的 Django 框架。主要用于接收并存储玩家发送的游戏分数及 ID,也用于生成排行榜。后台服务器集成了运动跟踪、环境跟踪、人体和人脸识别等 AR 核心算法,开发者仅需通过 SDK 对应的 API 来调用功能,实现对底层黑盒。在示例应用中仅调用了运动跟踪、环境跟踪、人体识别,不涉及人脸

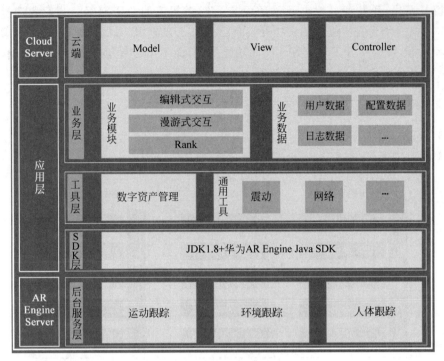

图 9.11　示例应用框架

识别。在应用层中又分为三层，包括业务层、工具层、SDK 层。SDK 层包含 JDK 1.8 和 HUAWEI AR Engine 提供的 Java SDK，其配合 Android 开发平台（Android Studio、Eclipse 等）开发 Android 应用。工具层包含通用工具，包括网络、日志、时间戳、震动、摄像头等常用的 Android 工具，数字资产管理则包含虚拟三维模型、UI 素材等数字信息管理。业务层是明确整个示例应用功能的一层，包括业务模块和业务数据。业务模块包含两种增强显示交互模式：编辑式交互、漫游式交互，这两者奠定了示例程序的基本流程和逻辑。业务数据层则包含一些应用数据，包含用户数据、配置数据、日志数据等。

小　　结

　　本章主要讨论了一个典型增强现实应用所需的主要功能。为了实现这些功能，本章结合作者的经验提出了服务器端和客户端的概念架构。这些架构理论上可以兼容不同的传感器、驱动器等，在实际开发过程中还有待开发者根据实际情况进行分析和调整。本章也罗列了场景的硬件和软件方案，方便开发者参考。增强现实领域发展迅猛，新硬件、新技术层出不穷。

习　　题

　　1. 设计一款增强现实的应用，并提出相应的软件、硬件方案，设计客户端、服务器端架构，并确定技术实施方案。

2. 分析服务器分为场景服务器和门户服务器的原因。

3. 在移动端平台,例如手机,在 4G 信号下,在建立一个增强现实场景的应用之下,传输 100Kb,1Mb,10Mb 的数字资产,预计所需耗时。同时调研 5G 信号下的耗时。

4. 针对场景文件加载时间长的瓶颈问题,提出合适的解决方案。

5. 查阅 Web VR 接口文档,分析其文档设计的思路,如何兼容不同的硬件平台?

应用架构

第 10 章　增强现实未来发展

10.1　增强现实未来发展概述

增强现实经过六十多年的发展,已经逐步从科研实验室走向人们生产生活的第一线。新兴技术成熟度曲线(Hype Cycle,Gartner Curve)是指新技术、新概念在媒体上曝光度随时间的变化曲线,它常被用于评估一个技术的发展规律。2017—2019 年,增强现实技术都被评估为幻觉破灭的低谷期(见图 10.1)。2020 年,该曲线甚至移除了增强现实技术,不纳入讨论范围。实际上,这不代表增强现实技术不重要,反而意味着它已经逐步成熟,并进入了具有实际应用价值的阶段,将在未来获得更广泛的应用。

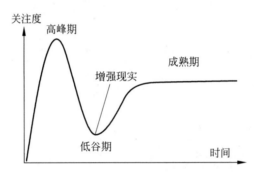

图 10.1　2018 年 Gartner 曲线中增强现实被评为技术低谷期

但增强现实依然还有瓶颈需要解决。从硬件、软件和应用层面上说:

(1)计算能力的制约。手机和平板已经成为主流的增强现实硬件平台。虽然现阶段手机和平板的计算能力堪比笔记本电脑,但和计算机领域已成为主流的深度学习算法的算力需求相比,手机和平板的计算能力依然捉襟见肘。手机芯片限于面积和功耗,专用 GPU 面积和晶体管数量实在太少。例如,在端侧硬件中,经常使用的高通芯片晓龙 865 型号计算能力只有 1.25TFLOPS。相比之下,NVIDIA RTX 2080Ti 的深度学习算力可达 110TFLOPS。TFLOPS 表示每秒万亿(10^{12})次浮点计算。高计算量同时带来的是高功耗,这对于移动设备而言,也是一个致命的问题。一是导致续航时间下降,二是电池过热导致用户体验不佳。为了解决计算能力的制约,一个方案是将计算量大的流程从移动平台上转移到服务器。5G 通信和边缘计算是可以解决这个瓶颈的关键技术。

(2)对真实世界的理解能力。为了产生更真实的虚实融合效果,需要更准确地理解真实世界。现有移动平台的传感器主要是摄像机、惯性传感器、麦克风,近期新的传感器例如

UWB 等技术也融合进来。现有的算法针对人像识别、运动跟踪、三维重建、自然语言处理等领域虽然取得了一定进展，但距离人类对真实世界的理解尚存差距。增强现实与人工智能的结合将进一步赋能增强现实技术，扩大其应用范围。

（3）对世界万物的双向沟通能力。现有的增强现实技术以信息获取和显示为主，信息流主要是从真实世界单方向传输给移动终端的用户。物联网时代的万物互联，一方面将大大拓宽增强现实的信息来源渠道，为获取更稳定、更准确的真实世界信息提供保障，另一方面将允许用户通过增强现实的界面向真实世界的物体、机器发送指令，直接控制它们的状态，提高人机交互的效率。

以下将分别阐述在未来发展中，增强现实与 5G 通信/云计算/边缘计算、人工智能和物联网三大技术的联合发展。

10.2　增强现实与 5G 通信、云计算、边缘计算

5G 通信技术已经落地，其优势可以用三个字总结：快、稳、密。具体来说，5G 数据传输速率高达 10Gb/s，时间延时在 1ms 左右，5G 网络每平方千米可支持 100 万台设备。这将为增强现实技术提供两个重要的性能。

（1）高清画面显示。以面向企业级别的 Google Glass EE2 产品为例，显示（输出）分辨率是 640×360px（约 23 万像素）。该图像尺寸距离计算机平台已有的虚拟现实头盔（例如华为 VR 眼镜：3200×1600px，约 500 万像素）和高品质视频（例如 4K 级别：4096×2160px，约 800 万像素）还有很大的距离。现有的输入输出画面尺寸较小，一方面受制于显示模块的尺寸大小、功耗等因素，另一方面受制于传输速率。5G 技术也将允许服务器向客户端传输高清画面。

（2）高清画面采集。相比于画面显示的低分辨率，主流增强现实硬件上普遍配备高清摄像头，用于图像采集。例如，Google Glass EE2 的摄像头分辨率为 800 万像素。高清的画面输入，如需要传递给服务器用于位置跟踪、环境理解等任务，则将引入较大的画面传输延时。为了进行增强现实应用，需要以小于 20 ms 的延迟发送用户交互指令、图像、语音等。高延时将导致用户交互的卡顿，多感官体验的不一致，极大地影响用户的沉浸感和真实体验，甚至引起恶心的交互体验。5G 通信将解决传输速率的瓶颈，允许传输高像素的图像，实现高清画面显示。

下一代的 5G 移动网络将大大增加容量并降低延迟。在这样的环境中，现有的增强现实应用程序将能够将大量传感器采集到的信号输入，包括上述高清画面，上传到云计算、边缘计算的硬件平台。计算量密集的算法流程将部署于云端和边缘端。边缘计算在靠近客户端的地方建立更强大的计算基站，用于处理数据和减少延迟。增强现实将现实世界、用户指令与数字世界相结合并同步，需要大量的图形渲染过程。由于图形需要大量渲染，因此通过在增强现实设备和边缘计算设备、云计算设备之间分配工作负载来加速增强现实的任务流程。边缘计算硬件可以用于处理对延迟敏感的用户头部跟踪、控制器跟踪、手部跟踪和运动跟踪等，而中央云计算可以处理对延迟不敏感的非核心处画面渲染、自然语音交互等任务。但是，这种计算量的拆分无论是在中央云或是边缘硬件，都需要快速而可靠的 5G 连接，以便为用户提供最终的体验。实际上，这种依据任务类型和端-边-云计算能力进行智能计算

调度的算法还有待进一步探索。但这种新的部署策略将在未来更为普遍和重要,进而允许增强现实的客户端硬件和软件向轻量、微型、节能方向发展,同时大幅降低客户端制造成本,便于大规模推广。

韩国电信公司 LG 与中国增强现实公司 NReal 合作制造的全球首款基于 5G 的增强现实(AR)眼镜已经于 2020 年 8 月 21 日上市,售价为 590 美元。HoloLens 2 通过 5G,将计算量大的任务在微软的 Azure 云服务进行,赋予增强现实应用更强大的功能。微软处于研究阶段的 Holoportation 项目就是利用超大带宽和云计算能力,实现高真实感的增强现实体验(见图 10.2)。对于游戏、影视等娱乐行业,3D 图形计算(特别是渲染、物理仿真等)是计算量比较大的流程步骤。通过 5G 连接,可以利用云端强劲的计算能力进行处理,再以视频流的形式传回用户侧的移动增强现实设备上,在计算能力受限的增强现实设备中呈现高清画质。

图 10.2　微软 Holoportation 项目:实现高真实感的增强现实体验

美国职业篮球联盟在 2018 年全明星赛上,就测试了当球员戴上虚拟现实头盔之后,通过摄像机画面采集、5G 信号传输和视频流播放等步骤,依然可以做到准确的投篮动作(见图 10.3)。这些有趣的应用都验证了 5G 的低延时已经可以产生的重要价值。

图 10.3　美国职业篮球联盟球员带上 5G 虚拟现实头盔进行投篮

10.3　增强现实与人工智能

人工智能作为一个庞大的领域,将从各方面赋能增强现实的各个流程,包括真实场景的理解、人机交互、图像渲染、协同通信等。毫不过分的一个论断是,增强现实只有搭配强大的人工智能算法,才能优秀地完成任务。这里简单描述人工智能如何从场景理解和人机交互两个方向上赋能增强现实。

10.3.1　加速场景理解和建模

人工智能是增强现实应用的大脑,是允许应用与真实物理环境交互的关键。人工智能已经实现了诸如现实世界中的自动对象标记等功能,使增强现实系统能够优化所呈现的信息。例如,HUAWEI AR Engine 可识别真实世界中平面的语义,目前可以识别桌面、地板、墙壁、座位、天花板、门、窗户、床。这个功能就依赖于第 4 章中讨论到的环境感知技术。另外一个例子是宜家 Place 软件,用户可以拍摄自己房间的照片,然后将 3D 和真实比例的宜家家具模型拖放到图像中(见图 10.4)。增强现实支持沉浸感体验,通过手机端屏幕就可以看到虚拟布置的房间。人工智能赋能用户,支持多维操作,从而提供了虚拟家居在真实空间中即时而准确的视觉体验。

图 10.4　宜家增强现实应用 Place 中家具模型拖放示意效果

创建外观和感觉令人信服的 AR 体验,需要根据真实世界的渲染、照明、材质和对象调整虚拟素材。最新的人工智能算法已经可以处理耗时的任务并创建逼真的结果,而以前需要昂贵的照片拍摄或数小时的创意工作。欧莱雅(L'Oréal)在 Facebook 上创建了一个 AR 应用程序。该品牌最近收购了 Modiface,后者开发了虚拟化妆应用程序(见图 10.5)。与家居行业巨头宜家一样,该应用程序允许用户在购买前试用。尽管化妆品不如家具大或昂贵,但它们通常无法在购买前进行测试或在购买后退回。应用程序中使用人工智能跟踪图像中用户的脸部和头发,以实现虚拟化妆和染发剂的真实应用。

图 10.5　欧莱雅 AR 化妆应用程序

10.3.2 实现个性化交互

人工智能还可以实现个性化的交互体验。例如,从用户的反应中学习并预测下一步需要什么,并立即做出决策。人工智能和机器学习可以从每次与用户的互动中学习,从而使机器学习的模型不断地变得更好。例如,上述欧莱雅应用中,借助计算机视觉和神经网络,增强现实可以降低在线购买的障碍,让客户虚拟地尝试化妆色彩,并推荐个性化的产品搭配。该个性化体验依据上下文相关信息,需要出色的处理能力。这就是人工智能大放异彩的地方。人工智能算法可以在增强现实应用中使用,以预测用户在给定情况下可能需要或需要的界面,并显示用户界面的选项,或自动调出非常合适的用户界面。增强现实能够部署智能算法进行多模态交互,包括手势输入,眼睛跟踪和语音命令识别等方式。所提及的每一种模态准确跟踪都需要依赖最前沿的人工智能算法进行识别、预测,而将多模态的信号融合也可以借助人工智能的算法,实现最佳效果。最终,人工智能将使增强现实应用中的人机接口真正成为多模态,并产生全新的人机交互模型。

10.4 增强现实与物联网

增强现实与物联网的结合是一个完美的组合,弥合物理资产和数字基础架构之间的鸿沟。二者的结合使各个行业的企业受益,尤其是制造业、医疗保健和零售业。物联网和增强现实应用程序可以通过三种方式帮助人们,特别是在面向企业级别的设备培训、维修、管理等应用场景下。

(1)可视化数据并与环境互动。增强现实+物联网的解决方案可帮助员工可视化分析和理解数据,从而使他们能够更好地浏览环境。

(2)诊断问题。增强现实+物联网的应用程序将各种类型的数据组合到一个视图中,从而帮助员工更好地分析对象和空间以及诊断物理对象及其周围环境中的问题。

(3)采取行动。增强现实+物联网的解决方案通过将大量和各种特定于上下文的数据组合到一个视图中,帮助员工做出更明智的决策。

这三种方式是相互依赖的:要诊断问题,用户必须可视化数据并与环境互动。为了采取行动,他们需要诊断问题。

快速、正确、稳定的物体识别和空间跟踪(即姿势估计)是增强现实面临的最重要的技术挑战。对于没有丰富特征的对象(例如,无纹理的对象),经常使用模板图像匹配。但是,这种方法在健壮的 3D 跟踪中使用存在许多缺点。因此,针对数百万个物联网对象扩展此类方法将更加困难(准确性水平或实时响应能力可能会受到影响)。将标记物放置并粘贴到成千上万的日常对象上也不是实际的解决方案。另外,由于没有一种通用的识别和跟踪方法可以覆盖所有类型的对象,因此可以集体使用多种算法。因此,在典型情况下,在对象被识别之前,无法先验确定哪种算法最适合应用于其识别。另外,必须彻底尝试所有算法,这将再次导致严重的延迟。

增强现实系统可以跟踪物理对象与跟踪信息(例如来自图像的 3D 特征)之间的关系。接下来,就物联网对象的高效运行而言,用户具有通过与物联网环境相关的有用内容进行浏览的能力。任何有价值的应用程序和服务都可以连接日常的物联网对象并提供用户的增强现实体验，例如培训、控制和说明。它们为用户提供了访问和与移动增强现实交互的全面平台。基于物联网的增强现实应用将最终增强人类能力，帮助普通人学习如何更轻松地收集重要数据、执行复杂任务。

小　　结

作者所听到的最振奋人心的一句话就是"未来已来，它只不过是 beta 版本"。欢迎更多的伙伴加入到增强现实的领域中来，拥抱未来，与未来共同成长。

习　　题

1. 联系第 1 章中尚未解决的问题，通过本书的介绍，是否有合适的技术方案可以开发一款增强现实应用，解决所提出的问题？

2. 畅想在 5 年、10 年、20 年以后，你最期待的增强现实软件与硬件应该是什么样的？

3. 思考除了本章中提到的其他关键技术，能对增强现实的应用有关键性、决定性、变革性的作用，并阐述原因。

增强现实未来发展

参 考 文 献

扫码查看

图 书 资 源 支 持

感谢您一直以来对清华版图书的支持和爱护。为了配合本书的使用,本书提供配套的资源,有需求的读者请扫描下方的"书圈"微信公众号二维码,在图书专区下载,也可以拨打电话或发送电子邮件咨询。

如果您在使用本书的过程中遇到了什么问题,或者有相关图书出版计划,也请您发邮件告诉我们,以便我们更好地为您服务。

我们的联系方式:

地　　址:北京市海淀区双清路学研大厦 A 座 714

邮　　编:100084

电　　话:010-83470236　010-83470237

客服邮箱:2301891038@qq.com

QQ:2301891038(请写明您的单位和姓名)

资源下载:关注公众号"书圈"下载配套资源。

资源下载、样书申请

书圈　　　　　　　获取最新书目

观看课程直播